VERSTÄNDLICHE WISSENSCHAFT

FÜNFUNDACHTZIGSTER BAND

SPRINGER-VERLAG BERLIN HEIDELBERG GMBH

TREIBENDE WELT

Eine Naturgeschichte des Meeresplanktons

JAMES FRASER

ÜBERSETZT UND BEARBEITET VON

IRMTRAUT UND GOTTHILF HEMPEL

1.—6. TAUSEND

MIT 43 ABBILDUNGEN

SPRINGER-VERLAG BERLIN HEIDELBERG GMBH

Herausgeber der naturwissenschaftlichen Abteilung:
Prof. Dr. Karl v. Frisch, München

JAMES FRASER
D. Sc., Ph. D., F. R. S. E., M. I. Biol.
Marine Laboratory, Aberdeen (Schottland)

ISBN 978-3-540-03422-3 ISBN 978-3-642-88530-3 (eBook)
DOI 10.1007/978-3-642-88530-3

Umschlagfoto: A. Holtmann, Helgoland

Titel der englischen Originalausgabe:
Nature Adrift, the Story of Marine Plankton.

First Impression 1962. G. T. Foulis & Co. Ltd., London

Library of Congress Catalog Card Number 65-22869

Titel-Nr. 7218

Aus dem Vorwort zur englischen Ausgabe

Das wachsende Interesse an den Lebewesen im Meer ist zu einem guten Teil aus Neugier nach den nicht alltäglichen Dingen entstanden. In Kriegszeiten machen die Wissenschaften eine sprunghafte Entwicklung durch, neue Geräte und Techniken werden erfunden und weiterentwickelt. Diesem hektischen Vorwärtsdrängen folgt eine Periode der Wahrheitssuche und Selbstbesinnung. Aber noch aus einem anderen Grund ist das Meer und das Leben in ihm in den Blickpunkt des Interesses gerückt: Durch Taucher-Ausrüstung und Unterwasserkamera ist die Beobachtung der Meerestiere in ihrer natürlichen Umgebung möglich geworden. Film und Fernsehen vermitteln dies wirklich aufregende Erlebnis einem breiten Publikum. Dieses Interesse ist nicht nur rein betrachtend, sondern führt zu neuen Fragen, nach dem „Wie" und „Warum" der Myriaden von Lebewesen: wie sie im Meer leben, voneinander abhängen und unsere Existenz beeinflussen. Das Plankton als biologisches Grundelement im Meer beeinflußt unser Dasein in einem stärkeren Maße als man auf den ersten Blick annimmt. — Dies sind die Probleme, die unser Buch behandeln will; es ist kein Handbuch, um Planktonorganismen zu bestimmen; das hieße nämlich, als wolle man in einem einzigen Band ein Bestimmungsbuch für alle Blütenpflanzen, Gräser, Moose und Pilze, für alle Insekten, Spinnen, Würmer, Schnecken und wer weiß was noch alles, schaffen. Solche Bestimmungsschlüssel finden sich verstreut in Tausenden von Bänden und in Einzelarbeiten in den verschiedensten wissenschaftlichen Zeitschriften vieler Länder.

Möge der Leser durch dieses Buch die Unterwasserwelt kennenlernen, seinen Wunsch nach Wissen, wenigstens teilweise befriedigen und auf einige seiner Fragen Antwort erhalten. Vielleicht gelingt es auch, ihn zu weiteren Fragen anzuregen, an die er vorher nie gedacht hat. Will dann der Leser mehr über die einzelnen Formen des Planktons und ihr Verhalten erfahren, sollte er auch Prof. HARDYs Buch lesen, es ist, als durchforsche man das gleiche Land auf einer anderen Route. Wenn dem Leser mein Buch gefällt, so wird ihm auch das von HARDY[1] gefallen, ich kann es wärmstens empfehlen.

Ich habe in diesem Buch teilweise meine eigenen Erfahrungen niedergeschrieben und notwendigerweise mehr noch von den Forschungsarbeiten anderer berichtet. Aus vielen Zeitschriften habe ich ihre Befunde zusammengetragen und ich möchte an dieser Stelle allen Autoren auf das herzlichste danken. Mein Dank gilt besonders allen, die mir bei den Illustrationen geholfen haben, vor allem aber meinem Mitarbeiter J. D. MILNE. Ohne seine Zeichnungen wäre das Buch nicht wert gewesen, geschrieben zu werden. Die Halbton-Zeichnung der Fischlarven in Abb. 33, 34 wurden von meinem Kollegen N. T. NICOLL angefertigt. Dr. H. STUBBINGS, Britische Admiralität, gestattete die Wiedergabe von Abb. 38a u. b, die unter Crown Copyright im Journal of the Royal Naval Scientific Service erschienen sind.

J. FRASER

[1] HARDY, A. C.: The open Sea I, The World of Plankton. London: Collins 1959. Mit ausführlichem Literaturverzeichnis.

Bemerkungen zur deutschen Ausgabe

Die Aufnahme von FRASERS „Nature adrift“ in die Reihe „Verständliche Wissenschaft“ machte es erforderlich, die Darstellung zu straffen. Da der Wert dieses Buches zu einem wesentlichen Teil in den zahlreichen Zeichnungen liegt, die dem Anfänger die meisten auffälligen Typen des Planktons unserer Meere vorführen, wurden Kürzungen lieber am Text und bei den Photographien als an den Zeichnungen vorgenommen. Eine Reihe von Photographien wurde durch Aufnahmen aus deutschen Forschungsinstituten, insbesondere der Biologischen Anstalt Helgoland ersetzt. An einigen Stellen wurden neue Ergebnisse der Meeresforschung eingearbeitet.

Wir danken dem Verlag, daß er das aufwendige Buch in die Reihe „Verständliche Wissenschaft“ aufgenommen und damit einem weiten Leserkreis zugänglich gemacht hat. Wir hoffen, daß er damit hilft, der Meeresbiologie neue Freunde im deutschen Sprachraum zu gewinnen.

I. und G. HEMPEL

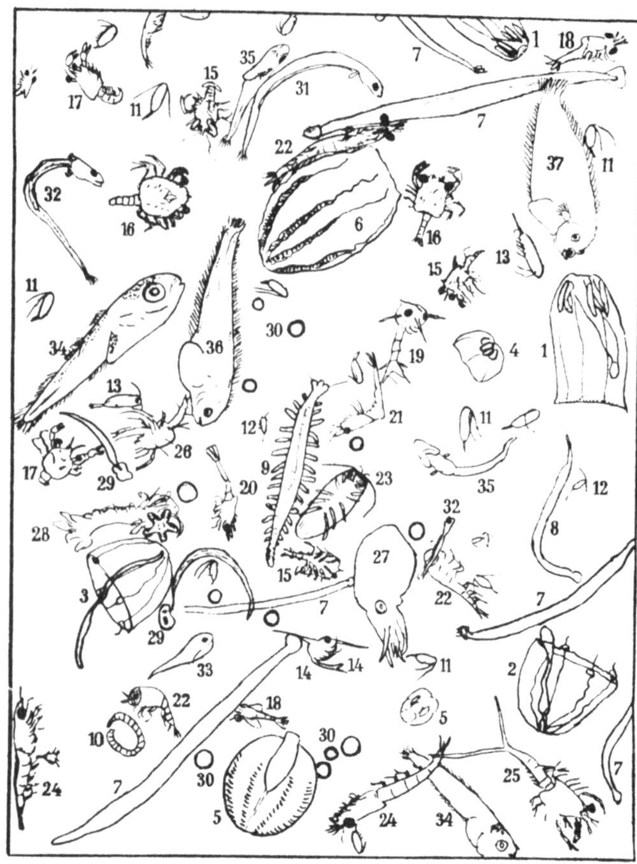

Schlüssel zu Abb. 1

1. *Aglantha digitale* (Meduse)
2. *Sarsia tubulosa* (Meduse)
3. *Dipurena ophiogaster* (Meduse)
4. *Bougainvillia* (Meduse)
5. *Pleurobrachia pileus* (Rippenqualle)
6. *Beroë cucumis* (Rippenqualle)
7. *Sagitta elegans* (Pfeilwurm)
8. *Sagitta setosa* (Pfeilwurm)
9. *Tomopteris septentrionalis* (Borstenwurm)
10. *Peocilochaetus serpens* (Borstenwurm)
11. *Calanus finmarchicus* (Ruderfüßler)
12. *Metridia lucens* (Ruderfüßler)
13. *Anomalocera patersoni* (Ruderfüßler)
14. Zoëa-Stadium von *Corystes* (Krabbe)
15. Megalopa-Stadium von *Hyas* (Meerspinne)
16. Megalopa-Stadium von *Portunus* (Schwimmkrabbe)
17. Larve von *Eupagurus* (Einsiedlerkrebs)
18. Larve von *Galathea* (Krebs)
19. Larve von *Munida* (Krebs)
20. Larve von *Pandalus* (Garneele)
21. Larve von *Nematocarcinus* (Garneele)
22. *Themisto gracilipes* (Flohkrebs)
23. *Eurydice spinigera* (Assel)
24. *Thysanoessa inermis* (Leuchtkrebs)
25. Larve von *Nephrops* (Kaisergranat)
26. Larve von *Sergestes* (Garneele)
27. Larve von *Eledone* (Tintenfisch)
28. *Asterias* in Metamorphose (Seestern)
29. *Oikopleura* (Manteltier)
30. Verschiedene Fischeier
31. Heringslarve
32. Sandaallarve
33. junger Scheibenbauch
34. junger Schellfisch
35. junger Kabeljau
36. junge Limande
37. junge Scholle

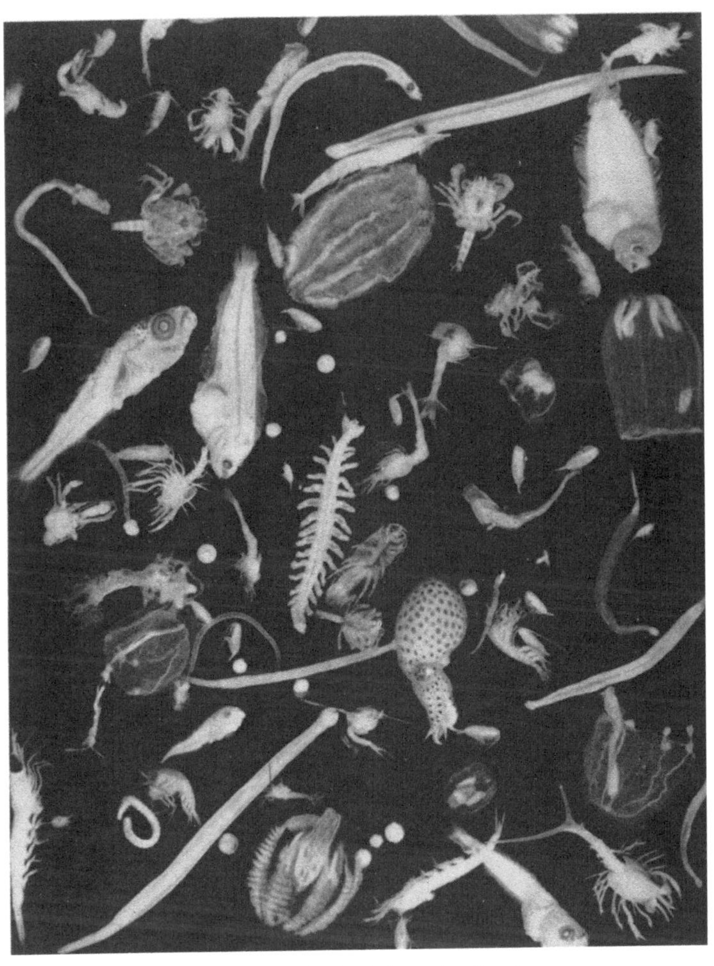

Abb. 1. Tiere des Zooplanktons (phot. Fraser)

Inhaltsverzeichnis

Kapitel 1

Einleitung

Vor noch gar nicht langer Zeit, nämlich im Jahre 1887, wurde von dem Meeresbiologen VICTOR HENSEN der Begriff Plankton geprägt; etwas später, im Jahre 1890, wurde er von HAECKEL genauer definiert. Plankton ist ein Sammelbegriff für alle Lebewesen, Pflanzen wie Tiere, die von den Meeresströmungen verdriftet werden. Es ist ein recht bezeichnender Ausdruck, der sich vom Griechischen *πλανκτον*, das passiv Treibende, ableitet. Zum Plankton gehören winzige Pflanzen von wenigen Tausendstel Millimeter Größe und Tiere aller Größen bis zu den metergroßen Medusen. Viele der Planktontiere können schwimmen, aber ihre Eigenbewegungen sind gering verglichen mit den Bewegungen des Wassers. Obschon sie aufsteigen und absinken über mitunter beachtliche Strecken, hängt ihre örtliche und geographische Verbreitung von ihrer Umwelt ab. Der Begriff Plankton umschließt auch die frei lebenden Larvenstadien vieler Formen, die als erwachsene Tiere mehr oder weniger stationär leben wie Mollusken und Seepocken, ebenso die Larven von Bodenbewohnern wie Krabben und Würmer und schwebende Fischeier und Fischlarven, deren Kräfte nicht ausreichen, sich gerichtet und freizügig fortzubewegen.

Das Plankton nimmt seinen Platz neben dem bodenlebenden Benthos und dem frei schwimmenden Nekton ein.

Plankton gibt es sowohl im Süßwasser als im Meer und man spricht auch gelegentlich vom „Luftplankton", wenn man die Insekten, Samen und Sporen meint, die von Ort zu Ort geweht werden.

Die Existenz des marinen Planktons ist schon seit beinahe undenklichen Zeiten vage bekannt, aber das genaue Studium des Planktons ist kaum älter als 100 Jahre. Im Jahre 1845 zog JOHANNES MÜLLER ein konisch geformtes Netz aus feinmaschigem

Tuch hinter einem Boot her und wurde damit der erste Planktonforscher. Sein Fang eröffnete ein völlig neues Gebiet biologischer Forschung und es nimmt kaum wunder, daß viele andere Zoologen und Botaniker MÜLLERs Spuren folgten. Innerhalb der darauf folgenden 30 Jahre hatte man viel gelernt und Tausende von Organismen, Pflanzen und Tiere gefangen und nach dem Nomenklatursystem von LINNÉ benannt. Damit war der Anstoß für die erste und vielleicht größte Meeresexpedition gegeben: Die „Challenger" (Abb. 2), unter der Leitung von JOHN MURRAY, ver-

Abb. 2. HMS „*Challenger*"

ließ Portsmouth im Dezember 1872 zu einer Reise rund um die Erde zur Erforschung allen Lebens im Meer, Plankton, Nekton und Benthos, in allen Tiefen, von der Arktis bis zu den tropischen Meeren. Die „Challenger" kehrte nach 4 Jahren mit einem enormen Probenmaterial zurück, das mit außerordentlichem Eifer bearbeitet wurde. 87 biologische Beiträge wurden von 62 Autoren geliefert, gebunden in 42 großen Bänden. Die Herausgabe nahm nur 9 Jahre in Anspruch. Seit jener Zeit sind zahlreiche große und etliche Hundert kleine Expeditionen durchgeführt worden. Es sind zu viele, als daß wir sie alle hier anführen könnten. Beispiele sind die große deutsche Planktonexpedition unter Victor Hensen, die deutsche „Valdivia“- und die dänische „Dana“-Expedition. Wir müssen weiterhin die großen Forschungsreisen der „Discovery“ in die Antarktis erwähnen, der „Princess Alice“ von Monaco, der dänischen „Galathea“, die auf ihren Reisen im Jahre 1950—1952 in 10 km Tiefe im Philippinen-Graben noch Leben gefunden hat, ferner viele andere Forschungsreisen in polare, gemäßigte und tropische Gewässer, durchgeführt von britischen, norwegischen, schwedischen, deutschen,

Abb. 3. Fischereiforschungsschiff „*Anton Dohrn*“ (phot. Hempel)

amerikanischen, japanischen, russischen und anderen Wissenschaftlern. Unzählige Fahrten werden heute von den zahlreichen Forschungsschiffen der verschiedenen Meeresstationen und Fischereiinstitute in allen Meeren der Welt durchgeführt. Ausrüstung und Anzahl dieser Schiffe hätte die Pioniere wie John Murray oder Victor Hensen in Erstaunen versetzt; sie verkörpern die moderne Erkenntnis von der Notwendigkeit, den Reichtum des Meeres zu erkennen und zu bewahren. Kaum ein Land, das Seefischerei betreibt, hat nicht mindestens *ein* Forschungsschiff. Bau und Ausrüstung variieren entsprechend den Aufgaben und den Gebieten, in denen sie eingesetzt werden sollen. Die in der Arktis arbeitenden Schiffe (Abb. 3) müssen anders ausgerüstet sein als solche, die in die Tropen fahren sollen. Dazu kommen Forschungsschiffe der Kriegsmarine und Wetterschiffe mit Spezialaufträgen. Nahezu alle diese Schiffe, ob groß oder klein, sammeln Plankton für den einen oder anderen Zweck.

Die Methoden des Planktonfanges werden in Kapitel 2 behandelt; die Kapitel 3—7 geben einen Überblick über den Formenreichtum des Planktons. In den darauf folgenden Kapiteln betrachten wir diese Formen in ihrer Umgebung, ihre Abhängigkeit voneinander und ihre Bedeutung im Meereshaushalt. Dies führt uns weiter zur Physiologie und dem Verhalten der Planktontiere. In der Schlußbetrachtung diskutieren wir, was wir mit der riesigen Vorratskammer „Meer“ für unser eigenes Wohlergehen tun können.

Kapitel 2

Methoden

Die einzelnen Planktonindividuen bilden, auch wenn sie sehr häufig sind, nur einen kleinen Teil des gesamten Wasservolumens. Um sie zu sammeln, muß man sie auf möglichst einfache Weise von der großen Wassermenge trennen. Das Plankton nimmt einen sehr weiten Größenbereich ein, von den winzigen Pflanzen von einigen μ (1 Mikron = 1/1000 mm) Größe bis zu den großen Medusen, und es ist klar, daß die Sammelmethoden für die großen und kleinen Planktonorganismen verschieden sein müssen. Wollen wir unsere Organismen in einem Netz oder einer Art Filter konzentrieren, müssen wir die passende Maschenweite auswählen. Je feiner die Maschen, desto länger dauert es, bis das Wasser durchgelaufen ist; wir können Filterpapier verwenden, wenn wir nicht mehr als etwa eine Tasse Seewasser durchfiltern wollen, in der etwa 50000 der kleinsten Pflanzen und Tiere im Zehntelmillimeterbereich leben. Wenn wir aber die großen Medusen fangen wollen, müssen wir soviel Wasser wie möglich filtern und daher ein möglichst großes Netz mit groben Maschen verwenden. Je größer die Maschen sind, umso weniger Widerstand hat das Wasser und wir können das Netz viel schneller schleppen und mit dem gleichen Kraftaufwand mehr Wasser filtern.

Die bei weitem vielfältigsten und daher interessantesten Formen finden wir im mittleren Größenbereich zwischen 1/10 und 25 mm. Unser Netz muß eine vernünftige, konstante Maschengröße haben. Betrachtet man ein Leinentaschentuch durch das Mikroskop (Abb. 4), so verlaufen die Fäden ziemlich regelmäßig, aber sie nehmen mehr Raum ein als die Löcher. Ein gröberes Netz aus Jute oder ein Käsetuch hat zwar ein viel günstigeres Verhältnis von Lochgröße zu Fadenstärke, aber auch diese Löcher sind unbefriedigend, da feine Fussel des lockeren Gewebes die Maschen verstopfen. Glücklicherweise ist das richtige Material im Handel zu haben. Die Müller verwenden es, ihr Mehl in vielen verschiedenen Feinheitsstufen zu sieben, es wird daher Müllergaze genannt und besteht aus Seide oder Nylon. Die Maschen sind erstaunlich konstant. Für Planktonarbeiten sind drei Stufen der Maschenweite am gebräuchlichsten. Für Kleinplankton ungefähr 80 Maschen pro Zentimeter; für die Untersuchung der meisten

4a

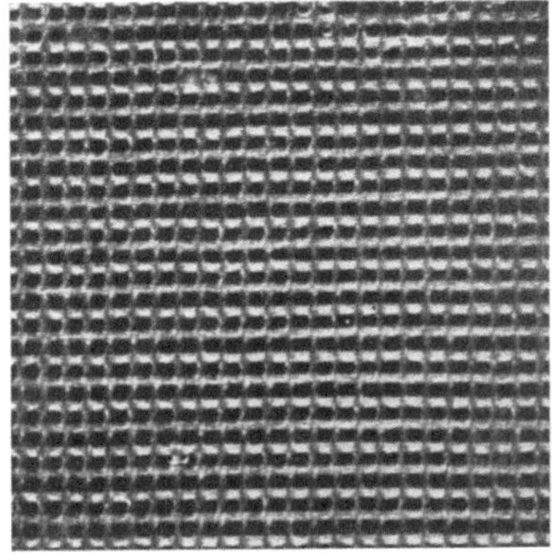

4b

Abb. 4. Vergrößerungen der Gewebe von Planktonnetzen. a) Leinentaschentuch, die Maschen sind unregelmäßig und das Garn ist dicker als die Löcher, daher schlechte Filtrationseigenschaften. b) Muller-Gaze Nr. 3, ca. 24 Maschen pro Zentimeter. Die Maschen sind regelmäßig, die Filtrationsleistung ist gut

kleinen Organismen des Zooplanktons verwendet man ein Netz mit 24 Maschen pro Zentimeter (Gaze Nr. 3); etwa 10 Maschen pro Zentimeter (die Grießgaze) nimmt man, wenn man auf 9/10 der kleineren Formen verzichten und nur die größeren Formen betrachten will. Je feiner das Netz, desto kleiner sind die Organismen, die man zurückbehält, aber das Wasser kann nur langsam durchlaufen und ein feines Netz ist leicht verstopft.

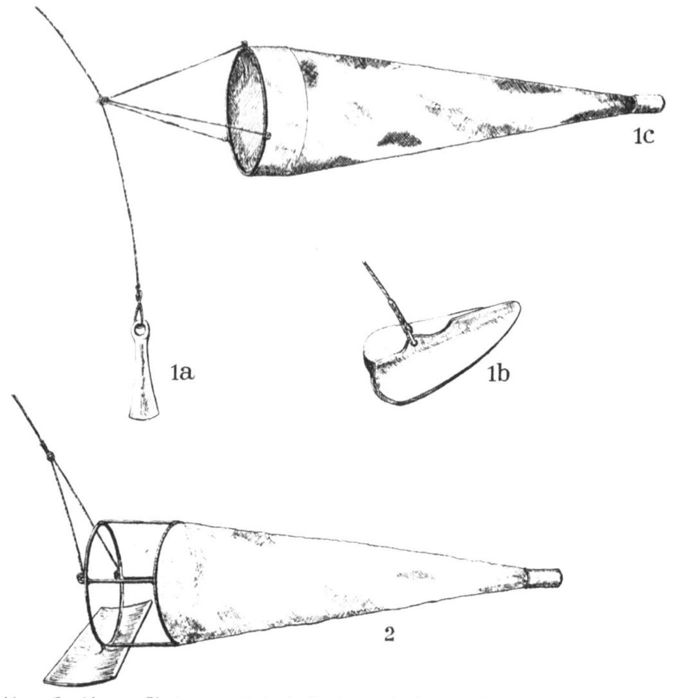

Abb. 5. Geschlepptes Planktonnetz (1c) mit Gewicht (1a) oder Scherfuß (1b), um das Gerät unter der Oberfläche zu halten. Scherkörpernetz (2), das gebogene Blech an der Unterseite des Netzgestells führt das Netz in tiefere Wasserschichten

Wegen des größeren Widerstandes kann es nur sehr langsam geschleppt werden, andernfalls staut sich das Wasser vor der Netzöffnung. Die größeren und beweglicheren Tiere können so leicht einem Netz ausweichen und sind dann nicht repräsentativ in der Probe vertreten. Es gibt keine ideale Maschengröße für alle Zwecke.

Für einen ersten Einblick in das Plankton braucht man keine repräsentativen Proben, sondern einen möglichst mannigfaltigen Fang. Die ungleichmäßigen Maschen eines Käsetuches oder Musselins ergeben schöne Mischproben. Man verwende aber kein zu zartes Gewebe, andernfalls platzt es bei Beanspruchung. Ein einfaches Planktonnetz ist in Abb. 5 abgebildet. Ein konisches Netz ist an einem leichten Ring aus Metall oder Weiden befestigt; schon bei 30 cm Ringdurchmesser erhält man einen sehr starken Schleppwiderstand, für ein Ruderboot sind 15—20 cm Ø besser. Ein Forschungsschiff benutzt größere Netze von 1—2 m Durchmesser. Da der Wasserdurchfluß abhängt von dem Verhältnis der Gesamtfläche der Löcher zur Netzöffnung, muß das Netz, je feiner es ist, um so länger sein. Bei den gebräuchlichen Netzen ist der Beutel 7mal so lang wie der Durchmesser der Netzöffnung. Um den Fang in bestem Zustand zu erhalten, sollte man verhindern, daß er gegen die Maschen gepreßt wird, daher ist gewöhnlich ein Auffanggefäß am Netzende angebracht. Der Becher bewahrt den Fang auch vor dem Austrocknen, bevor er ins Probenglas überführt wird.

Das wichtigste Fanggerät der Meeresbiologen ist dies einfache Netz mit verschiedenen Zusätzen und Modifikationen (Abb. 5). Benötigt der Biologe keine genauen Angaben über die Fangmenge, so verwendet er das unveränderte Netz wegen seiner Einfachheit und Billigkeit. Während des Schleppens eines solchen Netzes werden die gefangenen Planktonorganismen teilweise bis zum Becher niedergespült und teilweise gegen die Maschen gedrückt. Je mehr Plankton vorhanden ist, je schneller verstopft sich das Netz und die Fangkapazität sinkt. Das heißt, daß die gefilterte Wassermenge nicht genau bestimmt werden kann und genaue Zählungen der gefangenen Organismen sind ziemlich wertlos. Ein längeres Netz verbessert das Filtern, erschwert aber die Handhabung und man ist nicht sicher, ob man den Fang vollständig herausbekommen hat und nicht Reste in die nächste Probe geraten. Besser ist das Verkleinern der Öffnung durch ein konisches Stück Segeltuch oder Metall wie beim Hensen-Netz (Abb. 6). Für quantitative Angaben über die gefilterte Wassermenge wird ein Strömungsmesser im Netz eingebaut; er kann geeicht werden, indem man ihn ohne Netz über eine bekannte

Wegstrecke schleppt. Aber auch hier ist ein Haken dabei. Füllen die Propellerflügel des Durchströmungsmessers die Netzöffnung vollständig aus, so ist die Messung einwandfrei, aber es bedeutet eine Vergrößerung des Warnungseffektes und stört die Probe. Da sich das Netz allmählich verstopft, wird ein Teil des eintretenden Wassers wieder herausgedrückt, was ein kleiner Durchströmungsmesser nur sehr ungenau registriert. Wichtig sind auch die Kosten, da das Netz bei schwerer See verlorengehen kann und das bedeutet auch den Verlust des Durchströmungsmessers. Durchströmungsmesser werden daher nicht verwendet, wenn man nur das Verhältnis der verschiedenen Arten zueinander wissen will, oder wenn nach einer groben Bestimmung der Artenzahl gefragt ist.

Abb. 6. Das Helgoländer Larvennetz (vergrößertes Hensen-Netz) nach einem Vertikalhol

Um das Netz unter die Oberfläche zu bringen, braucht man ein Beschwerungsgewicht. Es genügen ein paar Pfund für ein kleines Netz hinter einem Ruderboot (Abb. 5); um ein 1-m-Netz bei einer Geschwindigkeit von 2 Knoten unter der Oberfläche zu halten, braucht man ein Gewicht von 40 kg, bei einem Verhältnis von Draht zu Schlepptiefe wie 2 zu 1. Kleine Veränderungen in der Schiffsgeschwindigkeit, hervorgerufen durch Wind oder Tide, können große Unterschiede in dem Draht : Tiefe-Verhältnis hervorrufen. Anstelle des Gewichtes ist es daher besser (aber auch teurer), einen Scherkörper zu verwenden (Abb. 5). Ähnlich einem Unterwasserdrachen ist das Gerät an einer Leine befestigt, so daß der Wasserdruck es niederdrückt, wie der Winddruck einen Luftdrachen steigen läßt.

Abb. 7a. Der „Gulf III Sampler" beim Auftauchen (phot. Hempel)

Je höher die Geschwindigkeit, desto größer die Scherkraft; bei allen gängigen Geschwindigkeiten bleibt das Netz daher in derselben Tiefe. Für genaue Tiefenmessungen wird ein kombinierter Tiefen- und Strömungsmesser verwendet.

Kehren wir zurück zum Urtyp des Planktonnetzes. Es wird durch 3 oder 4 Leinen an einer Schlepptrosse befestigt. Sollen zu gleicher Zeit Proben aus verschiedenen Tiefen genommen werden, so kann man mehrere Netze an derselben Schlepptrosse befestigen, vorausgesetzt Beschwerungsgewicht

Abb. 7b. Aus dem „Gulf III-Sampler" entwickelte Planktonröhre „Hai" mit Öffnungs- und Schließmechanismus. Das Gerät wird zum Horizontalfang in großen Tiefen verwendet Beim Fieren und Hieven ist das Gerät geschlossen (phot. Kinzer)

oder Scherkörper sind groß genug. Die Leinenhalterung des Netzes hat zur Folge, daß es direkt vor dem Netz zu Wirbelbildungen kommt, und schnell bewegliche Organismen können das Nahen des Netzes sehen oder fühlen und ihm ausweichen. Man kann diese Wirbelbildungen bei einem Einzelnetz vermeiden, indem man an die untere Seite des Ringes eine Kufe und nur an die obere Seite die Schlepptrosse (Abb. 5) anbringt. Und dennoch können schnell bewegliche Organismen mit guten Augen, wie sie die Jungfische haben, dem Netz ausweichen. Fischlarvenfänge sind daher bei Nacht erheblich größer als bei Tage, unabhängig von ihrer tagesperiodischen Verteilung (siehe Kap. 12). Nur in gewissen engen Grenzen kann man sich durch Erhöhung der Schleppgeschwindigkeit helfen. Zu schnelles Schleppen bedeutet einen größeren Wasserdruck direkt vor dem Netz, der das Plankton verjagt.

Ein Gerät, wie der Gulf III-Sampler (Abb. 7), ist ein Versuch, alle diese Schwierigkeiten auf einmal zu überwinden. Grundsätzlich ist es das gleiche alte Netz, wenn es auch ganz anders aussieht. Um es bei hoher Geschwindigkeit schleppen zu können, mußte man das Netz aus Metallgaze fertigen. Eine Metallröhre schützt das Netz vor Beschädigung. Die Einströmöffnung ist klein. Im hinteren Teil der Metallröhre entsteht ein Teilvakuum, das durch Sog dazu beiträgt, die Filterleistung zu erhöhen. Der Durchströmungsmesser ist im hinteren Teil des Gerätes angebracht, wo er geschützt ist und die tatsächlich gefilterte Wassermenge registriert. Das Gerät wird an einer Leine geschleppt, die oben an der Metallröhre befestigt ist; niedergehalten wird es von einem Scherkörper. Der Durchstrom hält das Gerät waagerecht, die Öffnung bleibt frei von störenden Wirbeln. Das Gerät ist nahezu stromlinienförmig, um den Schleppwiderstand und die Turbulenz vor der Einströmöffnung zu verringern [1].

---

[1] Ein großer Vorteil der Planktonröhren gegenüber den herkömmlichen Planktonnetzen ist ihre Unempfindlichkeit gegen Seegang; der Gulf III-Sampler kann noch bei Windstärke 8 zuverlässig eingesetzt werden, das Hensen-Netz ist schon bei Windstärke 5 gefährdet. Nach dem Prinzip des Gulf III-Sampler sind inzwischen mehrere Planktonröhren, manche mit einem Öffnungs- und Schließmechanismus, entwickelt worden. Die größten haben einen Durchmesser von 1,5 m, sie tragen kleine, feinmaschige Planktonröhren huckepack, um das feine Phytoplankton gleichzeitig mit dem gröberen Zooplankton fangen zu können. (Anm. d. Übersetzers.)

Man macht horizontale Planktonfänge in einzelnen Tiefenstufen, um die wechselnde Tiefenverteilung des Planktons zu untersuchen. Möchte man die ganze Wassersäule auf einmal erfassen, ist ein Vertikalhol erforderlich. Eine fehlerfreie Filtration vorausgesetzt, fängt ein Netz mit einer ein Quadratmeter großen Öffnung bei einem Vertikalhol das gesamte Plankton, das unter einem Quadratmeter Wasserfläche lebt. Aber die Netze arbeiten bei weitem nicht mit 100%iger Filterleistung; 30%ige Leistung ist der Durchschnitt. Häufig schwankt aber die Leistung zwischen 10 und 70%, so daß ein Durchströmungsmesser erforderlich ist. Sind die zu zählenden Organismen nicht sehr häufig und das Wasser nicht tief, liefert ein einziger Vertikalhol zu wenig Material. Ein Vertikalhol kann nicht all den Erfordernissen entsprechen, die ein bei hoher Geschwindigkeit geschlepptes Netz (high speed net) erfüllt, und es ist daher üblich, einen Schräghol zu machen. Ein Gulf III-Sampler kann bei konstanter Geschwindigkeit vom Boden zur Oberfläche geholt werden. Dieser Fang ist eine stark verlängerte Vertikalprobe, bei der die Wassermenge vom Strommesser genau festgestellt wird.

Will man quantitative Proben aus bekannten Tiefen haben, muß man eine Art Schließnetz verwenden, um zu verhindern, daß man beim Fieren und Hieven des Netzes Plankton auch aus anderen Tiefen erhält. Beim Vertikalfang ist das Problem leicht zu lösen. Das Netz wird mit Hilfe eines Gewichtes bis an die untere Grenze des zu untersuchenden Tiefenbereiches vertikal hinuntergelassen, dabei fischt es nicht. Nach einer gewissen Hievstrecke, auf der der betreffende Bereich durchfischt wird, schickt man ein Fallgewicht aus Messing an der Leine hinab, das den Schließmechanismus auslöst. Die einfachste Form ist ein Drosselmechanismus. Bei Horizontalfängen muß das Netz in geschlossenem Zustand hinuntergelassen, in der gewünschten Tiefe geöffnet und dann wieder geschlossen werden. Dafür wird z. B. ein System von Metalltüren verwendet, die von einer Feder zusammengehalten werden, bis sie von dem ersten Fallgewicht gelöst und um 90° gedreht werden. Nach der gewünschten Schleppstrecke wird ein zweites Fallgewicht hinuntergeschickt, das den Fang durch ein horizontales Zurückschwingen der Klappen sichert und das

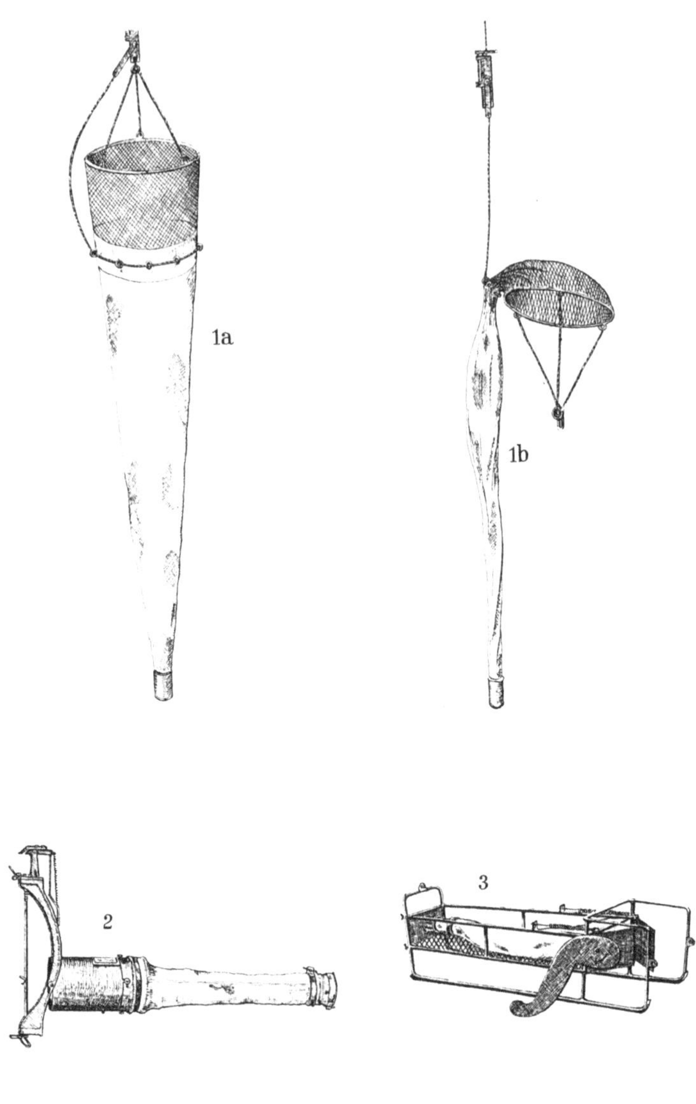

Abb. 8a. Vertikalnetz (1a und 1b) mit Schließvorrichtung, beim Hieven wird das Netz zugeschnürt, um den Fang von Oberflächenplankton zu vermeiden. Clarke-Bumpus-Schließnetz (2) und Netz für bodennahes Plankton (3)

Netz wieder schließt. Ein Schließnetz dieser Art ist das Clarke-Bumpus-Netz (Abb. 8a).

Verschiedene Modifikationen sind für spezielle Zwecke entwickelt worden. Um das Plankton unmittelbar über dem Meeresboden zu fangen, wird das Planktonnetz auf einem Schlitten be-

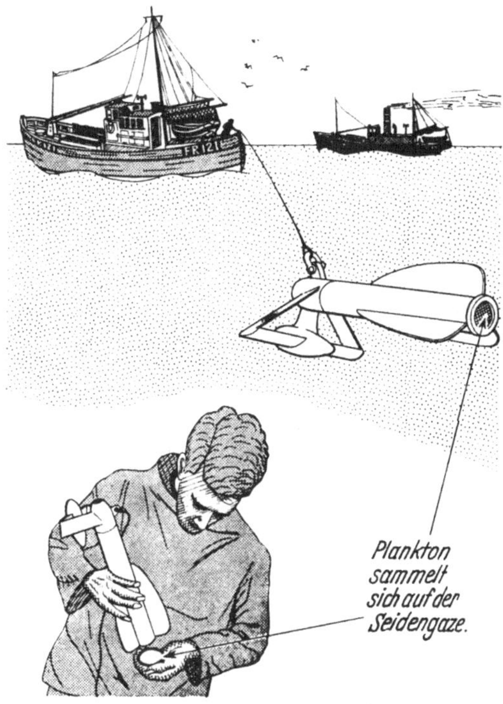

Abb. 8b. Der Hardy-Plankton-Indikator. Das Plankton wird am Ende des Gerätes auf einer Platte aus Seidengaze gesammelt, die Platte kann in Formol konserviert und später unter dem Mikroskop ausgezählt werden

festigt. Beim Fieren und Hieven halten Klappen das Netz geschlossen, die sich nur beim Gleiten auf dem Meeresboden öffnen.

Im Jahre 1931 gründete Prof. HARDY ein ozeanographisches Institut zur Erforschung der großräumigen Planktonverbreitung. Zwei Apparaturen wurden dafür entwickelt. Die eine ist der Planktonindikator (Abb. 8b), ein einfaches Gerät für hohe Geschwindigkeiten. Er besteht aus einer Metallröhre mit enger Eingangsöffnung und festem Tiefenscherbrett (anstelle eines Gewichtes oder Scherkörpers) und Stabilisationsflossen. Auf einer Scheibe aus engmaschiger Gaze (60 Maschen/inch) sammelt sich das Plankton im hinteren Teil der Röhre. Das Gerät war für den Gebrauch auf Heringsloggern bestimmt. Der Fischer sollte es aussetzen, wenn er nahe den Fanggründen war. Zeigte dann die Gazescheibe Heringsnahrung in reicher Menge, dann waren die Aussichten für den Heringsfang gut (s. Kap. 10). Inzwischen hat die Heringsfischerei mit dem Echolot ein sichereres Mittel zum Aufsuchen der Heringe. In wenig veränderter Form wird dieses einfache kleine Gerät jetzt aber von mehreren Forschungsinstituten verwendet.

Neben dem Plankton-Indikator konstruierte Prof. Hardy den Plankton-Recorder. Dieses Gerät sammelt das Plankton kontinuierlich auf der gesamten Dampfstrecke eines Handelsschiffes. Im Grunde ist es wieder eine Planktonröhre: das Metallgehäuse ist stromlinienförmig, vorn zugespitzt, mit Flossen und mit einem festen Tiefenscherkörper. Beim Schleppen treibt der Wasserstrom einen Propeller, der über ein Getriebe ein langes Band aus Seidengaze aufwickelt. Auf diese Seidengaze trifft der Wasserstrahl, der durch die Eingangsöffnung ins Gerät eintritt. Um die filtrierte Wassermenge hinlänglich klein zu halten, beträgt die Eingangsöffnung nur 3,6 cm^2. Eine Wassersäule von 3,6 cm^2 im Querschnitt und 100 Seemeilen Länge (185 km) liefert 70000 l Wasser! Die Seidenfläche, die dem Wasserstrom ausgesetzt ist, ist relativ groß (10×5 cm), um die Filterleistung zu verbessern und das Zusetzen der Maschen zu vermeiden. Das Seidenband ist in einzelne numerierte Abschnitte eingeteilt wie ein Film und wird schrittweise aufgerollt, immer wieder frische Gazeflächen dem Wasserstrom darbietend. Die mit Plankton beschickten Abschnitte treffen auf ein zweites, sauberes Band. Beide Bänder haften aneinander, das Plankton zwischen sich festhaltend (wie bei einer Klappstulle). Zu einer Rolle aufgewunden werden sie schließlich in einer mit Formol gefüllten Kammer konserviert. Der „Film"-Transport kann auf 0,5 cm bis 5 cm pro Seemeile eingestellt werden, je nachdem wie genau die Informationen über die Planktonverteilung sein sollen. Die Schwimmfläche ist so

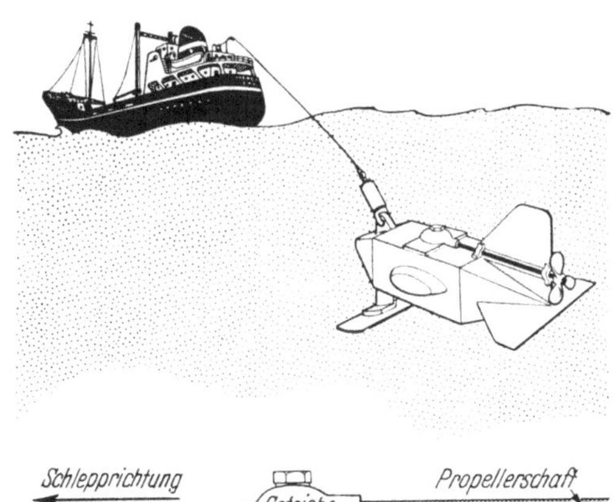

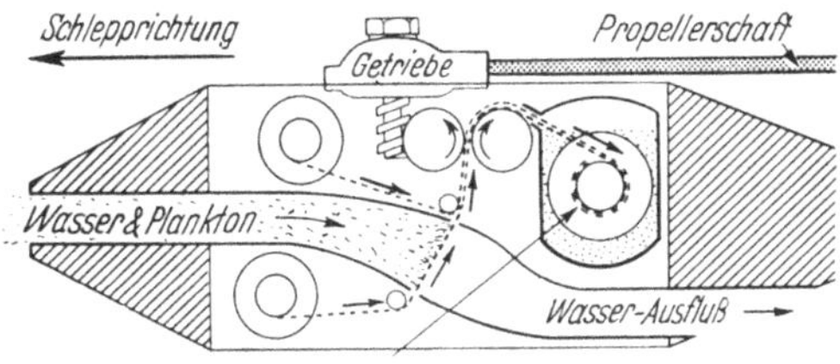

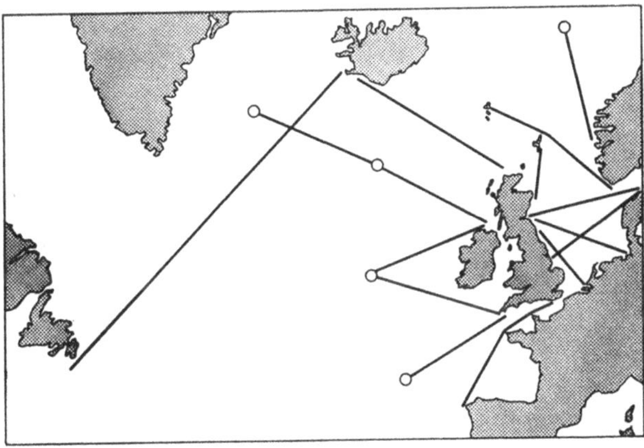

Abb. 8c. Der Hardy-Plankton-Recorder wird zum Planktonfang auf den Hauptschiffahrtslinien verwendet. Die Karte zeigt die monatlichen Routen der Frachtschiffe, die für das Ozeanographische Institut Edinburgh Plankton-Recorder schleppen. Die offenen Kreise zeigen die Position der Wetterschiffe. Stand 1. Januar 1961

eingerichtet, daß der Recorder in 10 m Tiefe gebracht werden kann, die Schleppgeschwindigkeit liegt zwischen 8 und 16 Knoten. Das Gerät wird zuerst von einem Wissenschaftler geladen und kann dann von der Besatzung betreut werden. Es ist robust gebaut und sein Gewicht beträgt etwa 70 kg. Die regelmäßig befahrenen Untersuchungsstrecken, die unter der Aufsicht des Institutes in Edinburgh stehen, betragen jährlich Tausende von Seemeilen, wie die Routenkarte auf Abb. 8c zeigt.

Um auch die größeren und weniger häufigen Arten zu fangen, werden größere und grobmaschigere Netze verwendet. Hierbei liegt die Schwierigkeit vor allem in der Handhabung und Lagerung solcher Netze. An die Stelle des starren Ringes (zum Offenhalten der Netzöffnung) tritt ein flexibles Geflecht von Tauen, das durch den Wasserstrom aufgedrückt wird. Das Prinzip ist dasselbe wie beim Drachen, dem Scherkörper und den Scherbrettern des Schleppnetzes. Beim „Corbin-Netz" ist es ein Stück Segeltuch, das durch Versteifungen an der unteren Hälfte der Öffnung im richtigen Winkel gehalten wird. Beim „Isaacs-Kidd-Trawl" ist eine Art Drachen am Grundtau befestigt. Durch die Schleppleinen kommt es aber zu Wirbelbildungen vor dem Netz, eine ernste Gefahr, wenn wir die schnell beweglichen Formen fangen wollen.

Mit Hilfe einer Pumpe kann das Wasser an Deck des Schiffes durch das Netz oder das Filter gepumpt und genau gemessen werden. Ist die Länge der Saugröhre bekannt, so ist auch die Tiefe, aus der die Probe stammt, bekannt. Kleine Pumpen sind gut für feinstes Plankton, eine Röhre von 5—10 cm Durchmesser mit einer Zentrifugalpumpe gibt dafür genügend Wasser. Aber nur eine sehr starke Pumpe kann für die seltenen und schnell schwimmenden Organismen eine genügende Wassermenge liefern. Ein 1-m-Netz bei etwa 2 Knoten geschleppt, bewältigt eine Wassermenge von 3000 Kubikmetern pro Stunde, wofür tatsächlich eine große Pumpe notwendig wäre! Für das Probennehmen an der Oberfläche oder eben unter der Oberfläche sind Pumpen gut geeignet. Bei größeren Tiefen werden sie aber unhandlich.

Um die kleinsten Organismen, die durch die feinsten Gazemaschen schlüpfen, zu fangen, stehen uns 3 Methoden zur Verfügung: Filtrieren, Zentrifugieren und Sedimentieren. Einmal sind es die Membranfilter (Filterpapiere sind für diese Zwecke nicht fein genug), die aus unvollständig überkreuz verknüpften polymeren Molekülen bestehen und die man in der Porengröße von 1 μ (1/1000 mm) an aufwärts haben kann. Sie sehen aus wie undurchsichtiges weißes Cellophan. Natürlich dringt das Wasser nur sehr langsam durch diese Filter, selbst wenn man mit einer Vakuum-Pumpe nachhilft. Meist sind aber kleine Wasserproben ausreichend, da die feinsten Planktonorganismen ungemein häufig sind. Leider kann man die abgefilterten Organismen von der Filteroberfläche nicht wieder ablösen. Man muß das Filter durchsichtig machen und die Planktonorganismen auf dem Filter untersuchen oder man muß das Filter auflösen. Keine der beiden Methoden ist voll befriedigend, man verwendet sie meist nur zur optischen und chemischen Messung der Pigmentmenge (hauptsächlich Chlorophyll), die aus dem Plankton extrahiert werden kann.

Eine neue Methode, mit der die Chlorophyll-Bestimmung eher ergänzt als ersetzt wird, bedient sich radioaktiver Isotope. Die Chlorophyll-Methode gibt an, wieviel assimilierende Substanz vorhanden ist; mit Hilfe der Isotope wird dagegen die Produktion gemessen. Am besten geeignet ist das Kohlenstoff-Isotop C^{14}, seine Menge wird mit dem Geiger-Zähler gemessen. Wenn wir eine bekannte, sehr kleine Menge von C^{14} in eine Seewasserprobe geben, deren Gehalt an normalem Kohlenstoff (C^{12}) bekannt ist, so entsteht in der Probe eine meßbare Radioaktivität, die jedoch so schwach ist, daß Organismen nicht getötet werden. Der Kohlenstoff wird natürlich nicht als schwarze Kohle beigegeben, sondern gelöst, z. B. als Karbonat oder Kohlendioxyd. Alle lebenden Pflanzen absorbieren Kohlenstoff und nehmen C^{14} etwa im gleichen Verhältnis auf wie C^{12}. Das Verhältnis des absorbierten $C^{14}:C^{12}$ ist damit etwa das gleiche wie in der Wasserprobe. Nach einer genau festgelegten Zeit, in der das Phytoplankton bei konstanten Licht- und Temperaturbedingungen assimilieren kann, wird die Probe durch ein Membranfilter geschickt und die Radioaktivität auf dem Filter gemessen. Wenn keine lebenden Pflanzen in der Probe wären, würde C^{14} vollständig den Filter passieren. Die Höhe der Radioaktivität auf dem Filter ist damit ein Maß für die Assimilationsleistung der Algen während des

Versuches. Konstante Bedingungen vorausgesetzt, können wir damit auf die Produktion organischer Substanz in dem untersuchten Wasserkörper schließen.

Für die mikroskopische Untersuchung der kleinsten Planktonorganismen können wir die nächste Methode verwenden, bei der die Wasserproben in kleinen Glasröhren mit hohen Umdrehungsgeschwindigkeiten (bis 20000 Umdrehungen/Minute) zentrifugiert werden. Plankton, besonders totes, ist etwas schwerer als Wasser und sammelt sich daher nach einigen Minuten am Boden der Glasröhre. Da aber der hohe Druck beim Zentrifugieren die zarten Organismen oft verformt und damit ihre Bestimmung erschwert, ist man immer mehr zur dritten Methode übergegangen, die eigentlich nur eine langwierige Variante der Zentrifugiermethode ist. Die mit einem Konservierungsmittel versetzte Wasserprobe wird in eine oben offene Röhre aus Glas oder Plastik gefüllt, die auf einem Glasnäpfchen gleichen Durchmessers steht, dessen Boden von einem Objektträger für mikroskopische Arbeiten gebildet wird. Die Verbindung wird einfach durch Vaseline oder ein anderes wasserabstoßendes, aber nicht festklebendes Mittel hergestellt. Nach Stunden oder Tagen ist das tote Plankton aus der Wasserprobe in das Glasnäpfchen sedimentiert. Überschüssiges Wasser wird abgesaugt, nur das Wasser und das angesammelte Plankton im Näpfchen bleiben erhalten. Dann wird die Glasröhre abgenommen und der Objektträger ist fertig für die mikroskopische Untersuchung des Planktons.

Zur Beobachtung des lebenden Planktons im Meer steht uns eine ganze Reihe moderner Hilfsmittel zu Verfügung: Die Unterwasserkamera, das Unterwasserfernsehen, Froschmänner, Forschungsunterseeboote und frei bewegliche Tauchkammern wie der französische Bathyscaph „Trieste“. Jede dieser Methoden hat ihre schwerwiegenden Beschränkungen, die sich aber grundsätzlich von denen der Fang- und Sammelmethoden unterscheiden. Die Hauptschwierigkeit liegt in der geringen Größe der meisten Planktonorganismen: Die Beobachtung mit dem bloßen Auge oder mit einer Wiedergabe in annähernd natürlicher Größe läßt das Plankton als eine Suppe erscheinen, in der nur einige größere Organismen zu erkennen sind. Die Sichtverhältnisse unter Wasser sind schlecht und die meist durchsichtigen Planktontiere schlecht zu erkennen (erst nach dem Tod werden sie opak). Es gehört Glück dazu, mit der vorher auf einen bestimmten optischen Bereich eingestellten Kamera brauchbare, scharfe Bilder vom Plankton zu erhalten. Bei Aufnahmen in größeren Tiefen oder bei Nacht müssen wir künstlich beleuchten, aber Flutlicht beeinflußt die Verteilung des Planktons, es lockt die einen und scheucht andere. Blitzlicht ist zu konzentriert, oftmals sieht man auf dem Bild nur Lichtpunkte, Abbildungen des Blitzlichtes auf den gekrümmten Oberflächen der durchsichtigen Planktontiere. Derartige Aufnahmen liefern nur eine vage Vorstellung von der Planktondichte. Das Unterwasserfernsehen hat gegenüber der starren Photokamera den Vorteil, daß es gerichtet und in der Tiefenschärfe ständig korrigiert werden kann. Tauchkammern erlauben die unmittelbare Beobachtung auch in den größeren Tiefen, die für den Froschmann unerreichbar sind.

Schließlich sollten wir noch kurz über Konservierungsmittel sprechen, denn kein Planktonfang bleibt lange am Leben, totes Plankton aber wird schnell von zersetzenden Bakterien überwuchert. Eines der einfachsten und besten Konservierungsmittel ist Formaldehyd, das als konzentrierte, 40%ige Lösung (Formalin oder Formol) gehandelt wird. Diese Lösung wird etwa 1:20 mit Wasser verdünnt (d. h. 4—5% Formol = 2% Formaldehyd), dabei muß aber berücksichtigt werden, daß die Planktonorganismen selbst sehr wasserhaltig sind. Ein Planktonfang soll mit reichlich Wasser und Formol versetzt werden. Formol hat aber den Nachteil, daß es die Farben langsam ausbleicht und als schwach saure Lösung Kalkgehäuse auflöst. Letzteres kann man beheben, indem man die freiwerdende Säure im Formol durch einen Zusatz von Kreide abfängt. Für die kleinsten und empfindlichsten Planktonorganismen, die im Formol „explodieren", verwendet man am besten die Lugolsche Jodlösung.

Noch zwei Hinweise für den Amateur wie für den professionellen Meeresbiologen: Alle Fänge müssen beschriftet werden, mit weichem Bleistift müssen auf gutes Papier Datum, genaue Position und das verwendete Fanggerät notiert werden. Dieser Zettel gehört *in* das Glas. Bei allen Abbildungen sollte die Vergrößerung klar bezeichnet werden, entweder durch Darstellung eines Meßstriches, wie in diesem Buch oder durch Angabe der linearen Vergrößerung, etwa „Vergr. × 3 lin.“. Bei Körpern oder Flächen ist die Angabe „Vergr. × 3“ mehrdeutig.

Kapitel 3

Phytoplankton

Ein altes Sprichwort sagt: Alles Fleisch ist Gras. Das ist auch im Meer wahr; nur ist hier mit dem Gras das Phytoplankton gemeint, treibende einzellige Pflanzen, die von den Wasserbewegungen von Ort zu Ort verdriftet werden.

Die Chlorophyll enthaltenden grünen Pflanzen haben die Fähigkeit, aus gelöstem Kohlendioxyd, Nährsalzen und Sonnenenergie Kohlenhydrate, Proteine und Fette zu erzeugen — die Grundnährstoffe der Tiere. Der Hauptunterschied zwischen den Lebensbedingungen an Land und im Wasser ist der, daß an Land das Wasser in dunklen Zwischenräumen im Boden liegt und Licht und Kohlendioxyd in der Luft darüber. Im Meer herrscht nicht solche Einteilung und Stabilität. Das Licht kann nur in den schmalen Flachwassergebieten in einer für die Photosynthese ausreichenden Stärke bis zum Boden eindringen. In unseren Breiten darf dabei die Wassertiefe nicht größer als 40—60 m sein. Das ist ein zu kleines Gebiet, um im Nahrungshaushalt des Meeres eine Rolle zu spielen, und wir können die an unseren Küsten bekannten Seegraswiesen und Algenrasen getrost vernachlässigen. In der offenen See gibt es keine Möglichkeit des Festsetzens, die Pflanzen müssen sich in der belichteten Zone schwebend halten, transportiert von den Wasserbewegungen: horizontal von den Strömungen und vertikal von der Turbulenz.

Betrachtet man einen ins Zimmer fallenden Sonnenstrahl, so kann man die Staubteilchen schweben sehen und je kleiner die Partikel sind, desto besser können sie schweben. Genauso ist es mit den Pflanzen der offenen See, auch sie sind sehr klein, gewöhnlich zwischen 0,5 und 0,002 mm (Abb. 9 bis 11). Viele haben Fortsätze, die ihre Oberfläche vergrößern und ihnen das Schweben erleichtern, andere erzeugen Ölkugeln, die ihr spezifisches Gewicht verringern. Nur die größten von ihnen kann man mit bloßem Auge erkennen. Dennoch sollte auch der nur allgemein interessierte

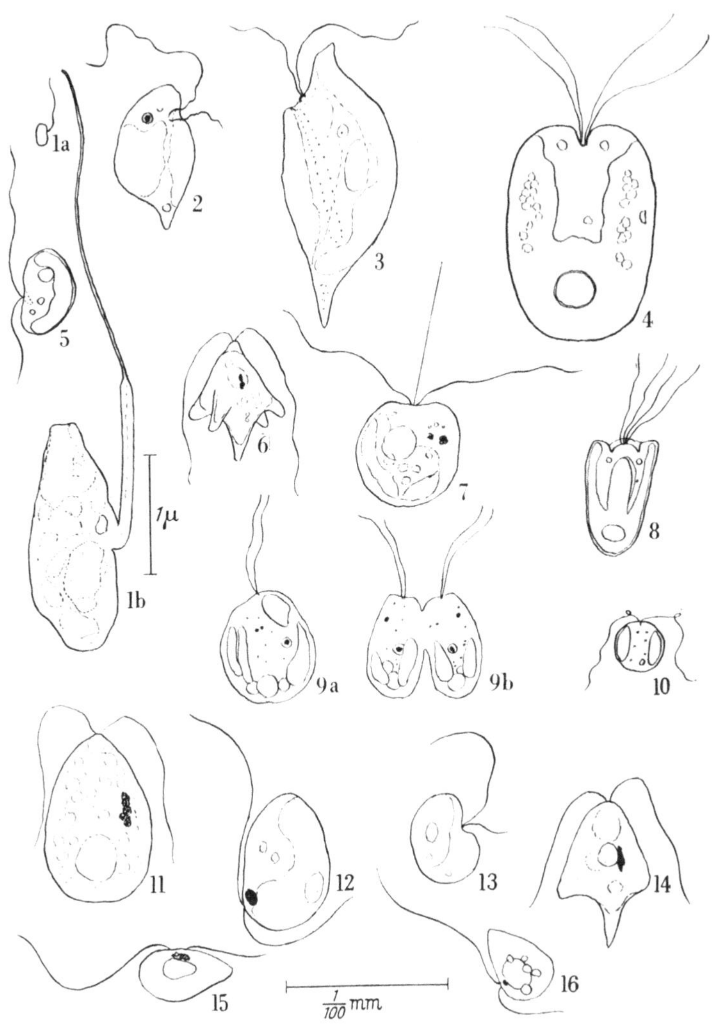

Abb. 9. Einige Formen des Nanoplanktons

1. *Chromulina pusilla*; 2. *Pavlova gyrans*; 3. *Cryptomonas acuta*; 4. *Platymonas apiculata*; 5. *Hemiselmis rufescens*; 6. *Brachiomonas submarina*; 7. *Chrysochromulina minor*; 8. *Pyramimonas grossi*; 9a. *Isochrysis galbana*, 9b. in Teilung; 10. *Dicratena inornata*; 11. *Dunaliella parva*; 12. *Bipedimonas pyriformis*; 13. *Thalassomonas pusilla*; 14. *Brachiomonas simplex*; 15. männliche Sporen des Blasentangs (*Fucus*); 16. ungeschlechtliche Sporen von *Saccorhizza*; alle annähernd im gleichen Maßstab außer 1b, das nach einer Aufnahme mit dem Elektronenmikroskop gezeichnet wurde

Leser sich einen gewissen Überblick über die Typen der Planktonpflanzen verschaffen. Es gibt drei Hauptgruppen von Pflanzen im Plankton, das Nanoplankton, die Diatomeen und die Dinoflagellaten.

a) Das Nanoplankton

Das Nanoplankton ist keine botanisch-systematische Einheit, sondern bedeutet eine Größengruppe. Es wird vom griechischen ‚nanos' abgeleitet und bedeutet Zwerg. Der Begriff ‚Nanoplankton' wurde von LOHMANN 1911 geprägt, aber falsch geschrieben. Trotzdem behaupten einige Fanatiker, daß man die von LOHMANN benutzte Schreibweise „Nannoplankton" beibehalten sollte.

Das Nanoplankton besteht aus extrem kleinen Pflanzen, meist zwischen 0,01 und 0,001 mm groß. Sie sind sehr zart und können oft das Vielfache ihrer Körperlänge pro Sekunde schwimmend zurücklegen. Wegen ihrer Kleinheit mißt man sie in Mikron ($1\ \mu = 1/1000$ mm). Solche, die ein Flagellum besitzen, werden oft μ-Flagellaten genannt. Ein Flagellum ist ein peitschenartiges Haar, das in einer Richtung durch das Wasser geschlagen wird und sich vor dem nächsten Schlag zurückbiegt. Das erlaubt dem Organismus in beliebiger Richtung zu schwimmen. Die kleinsten bekannten Formen sind etwa $1\ \mu$ groß und daher selbst mit einem guten Mikroskop schwer zu untersuchen. Studien mit dem Elektronenmikroskop haben jedoch unsere Kenntnisse über ihre Struktur erheblich vermehrt. Einige Zeichnungen sind in Abb. 9 wiedergegeben.

Trotz der sehr geringen Größe ist das Nanoplankton doch von großer Wichtigkeit im Meereshaushalt. Schätzungen haben ergeben, daß zu gewissen Zeiten sein Volumen dem der Diatomeen und Dinoflagellaten zusammen entspricht, ja, es sogar manchmal übersteigt. Darauf wollen wir aber erst in Kapitel 9 näher eingehen.

Da die Entdeckung des Nanoplanktons noch nicht sehr weit zurückliegt und es bis jetzt nur von wenigen Experten untersucht worden ist, wissen wir noch sehr wenig darüber. Wer Entdeckerfreuden sucht und neue Arten benennen will, der sollte sich mit dem Nanoplankton beschäftigen, denn die Anzahl neuer Arten ist nur durch die Zeit begrenzt, die man ihrer Suche widmen kann. Wir wissen sehr wenig über ihre Physiologie. Die Einfachheit ihrer Strukturen macht es möglich, einige der wenig bekannten, aber sehr komplizierten Vorgänge des Vitaminbedarfs und der Vitaminproduktion in Reinkulturen zu untersuchen, und liefert uns Aufschlüsse über die entsprechenden Vorgänge bei höheren Pflanzen und Tieren.

Einer der am besten bekannten Vertreter ist wohl *Chromulina pusilla*, es ist eine der kleinsten Algen, nur knapp 1 μ groß. Zuerst wurde *Chromulina* von BUTCHER 1952 zu den Chrysophyceae gerechnet. BUTCHER führte seine Untersuchungen mit einem einfachen Mikroskop durch. Elektronenmikroskopische und biochemische Untersuchungen aus dem Jahre 1959 haben gezeigt, daß *Ch. pusilla* viel eher zu den Chlorophyceae (Grünalgen) gehört. *Ch. pusilla* ist ausgesprochen häufig in den Küstengewässern und in der offenen See im Gebiet der Britischen Inseln. Abb. 9—*1a*, *b*, zeigt ihr allgemeines Aussehen, die einzelne Zelle mit dem Nukleus und einem stark lichtbrechenden Pyrenoid, das als Nahrungsreserve dienen mag. Ein Flagellum ist vorhanden. Die Bewegungen der Geißel sind köstlich zu beobachten und oft dreht sich der Organismus um seine eigene Achse. Tatsächlich waren es die tänzerischen Bewegungen, die BUTCHER veranlaßten, einen seiner anmutigsten Funde *Pavlova gyrans* zu nennen; sie besitzt zwei Flagella von unterschiedlicher Länge (Abb. 9—*2*).

Diese Organismen vermehren sich durch einfache Teilung (Abb. 9—*9b*). Bei ungünstigen Umweltbedingungen bilden sie Dauersporen aus, die sowohl Austrocknen als Kälte gut überstehen; wenn die Außenbedingungen wieder günstig werden, verwandeln sie sich wieder zu aktiven Formen.

b) Die Diatomeen

Diese Algen werden selten größer als 1/2 mm. Sie können nicht im üblichen Sinn schwimmen und haben dicke Kieselschalen.

Bevor man die Bedeutung des Nanoplanktons erkannt hatte, betrachtete man die Diatomeen als die Hauptquelle der Produktivität im Meer und als den grundlegenden Nahrungsvorrat der Meerestiere, die Fische eingeschlossen. Die Kieselalgen sind groß genug, um mit dem feinsten Planktonnetz gefangen zu werden,

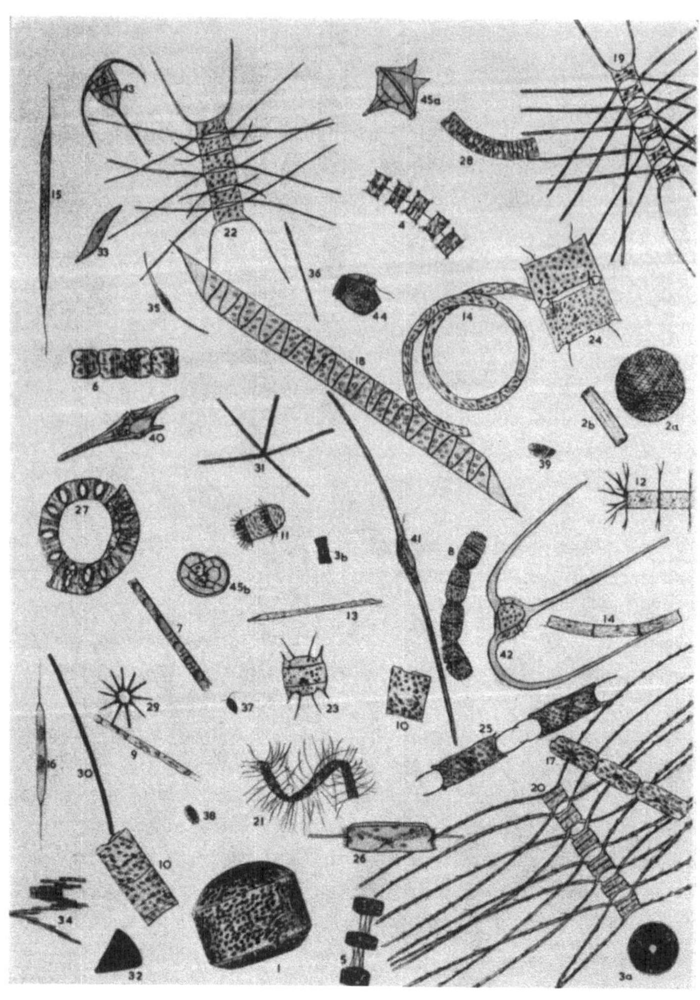

Abb. 10. Einige Vertreter des Phytoplanktons 1—36 Diatomeen, 37—45 Dinoflagellaten
1. *Coscinodiscus concinnus*; 2. *Coscinodiscus radiatus*, a) Oberansicht, b) Seitenansicht; 3. *Actinoptychus undulatus*, a) Oberansicht, b) Seitenansicht; 4. *Thalassiosira gravida*; 5. *Coscinosira polychorda*; 6. *Lauderia borealis*; 7. *Skeletonema costatum*; 8. *Stephanopyxis turris*; 9. *Leptocylindricus danicus*; 10. *Guinardia flaccida*; 11. *Corethron criophilum*; 12. *Bacteriastrum delicatulum*; 13. *Rhizosolenia alata*; 14. *Rhizosolenia faeroënse*; 15. *Rhizosolenia hebetata*; 16. *Rhizosolenia setigera*; 17. *Rhizosolenia stolterfothii*; 18. *Rhizosolenia styliformis*; 19. *Chaetoceros atlanticus*; 20. *Chaetoceros borealis*; 21. *Chaetoceros debilis*; 22. *Chaetoceros decipiens*; 23. *Biddulphia mobiliensis*; 24. *Biddulphia regia*; 25. *Biddulphia sinensis*; 26. *Ditylium brightwelli*; 27. *Eucampia zoodiacus*; 28. *Fragillaria islandica*; 29. *Asterionella japonica*; 30. *Thalassiothrix longissima*; 31. *Thalassiothrix nitzschioides*; 32. *Lycmophora lyngbyei*; 33. *Gyrosigma sp.*; 34. *Bacillaria paradoxa*; 35. *Nitzschia closterium*; 36. *Nitzschia seriata*; 37. *Prorocentrum micans*; 38. *Amphidinium britannicum*; 39. *Pouchetia polyphemus*; 40. *Ceratium furca*; 41. *Ceratium fusus*; 42. *Ceratium macroceros*; 43. *Ceratium tripos*; 44. *Dinophysis acuta*; 45. *Peridinium depressum*, a) Seitenansicht, b) Oberansicht
(Nach einer Farbtafel von T. Lovegrove)

und können mit einem guten Mikroskop untersucht werden. Ihre harten Silikatschalen und Krusten kann man mit Säure aufhellen. Unter dem Mikroskop zeigen sie eine Reihe von winzigen Einzelheiten, die eine wertvolle Hilfe für die Klassifikation darstellen.

Die Diatomeen gehören zur Klasse der Bacillariophyceae und jede Alge besteht aus einer einzigen Zelle. Im Anschluß an die reproduktive Phase können die Zellen aneinander haften bleiben und dadurch lange Ketten bilden (Abb. 10). Jede Zelle besitzt zwei Schalenhälften, die aufeinanderpassen wie eine Pillenschachtel und ihr Deckel. Man findet flache „Schachteln", aber auch hohe, oder sogar nadelförmige. Die Schalen sind in verschiedener Weise durch zarte Fortsätze und in Mustern angeordnete kleine Löcher skulpturiert, durch welche das Zytoplasma, der lebende Teil der Zelle, mit dem umgebenden Wasser in Verbindung steht. Bei einigen Diatomeen, meist bodenlebenden Formen, haben eine oder beide Schalen einen Schlitz, genannt die Raphe. Diese Formen können sich langsam bewegen, unsichtbar angetrieben durch leichte Druckunterschiede, die von den winzigen chemischen Unterschieden zwischen den beiden Zell-Enden ausgelöst werden. Diese Diatomeen werden vom Boden, aufgewirbelt durch die Wellenbewegung, ins küstennahe Plankton gebracht und sind die häufigsten Vertreter in Proben, die aus Felstümpeln stammen.

Diatomeen gibt es seit der Kreidezeit; ihre Silikatschalen sind auf den Meeresboden gefallen, haben sich dort durch geologische Zeitalter hindurch bis zu jüngster Zeit allmählich angesammelt und bilden den Diatomeenschlamm, der sich gürtelförmig um die Antarktis schließt und als Band durch den nordpazifischen Ozean verläuft. Der getrocknete Diatomeenschlamm steht in manchen Gebieten auch oberhalb des Meeresspiegels an, man kann ihn als Polier- und Isoliermittel verwenden. Am bekanntesten sind die Kieselgur-Lager von Deutschland. Auch andere marine Organismen bilden Schlammböden im Meer.

Kehren wir zurück zu den lebenden Diatomeen! Die meisten von ihnen sind autotroph, d. h. daß sie ausschließlich von der Photosynthese unter Verwendung gelöster Salze, Gase und Sonnenenergie leben. Sie erzeugen einen großen Anteil an Kohlenhydraten, daneben Öl und Eiweiß. Die Vermehrung erfolgt durch einfache Teilung, die beiden Teile der Schachtel trennen sich und jeder bildet von innen her eine neue „untere“ Hälfte aus. Daraus ergibt sich, daß die beiden Tochterzellen von etwas unterschiedlicher Größe sind. Die eine ist etwa so groß wie die Mutterzelle, aber die andere, die sich aus der ehemals inneren Hälfte gebildet

a

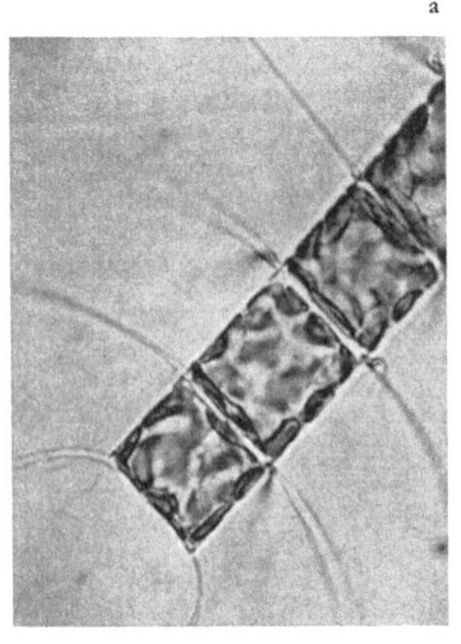

b

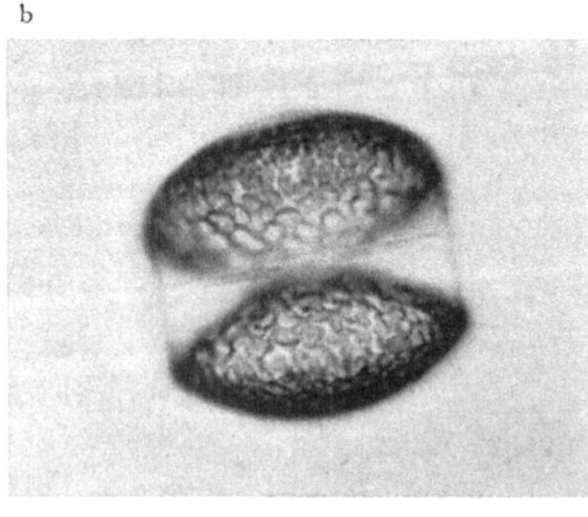

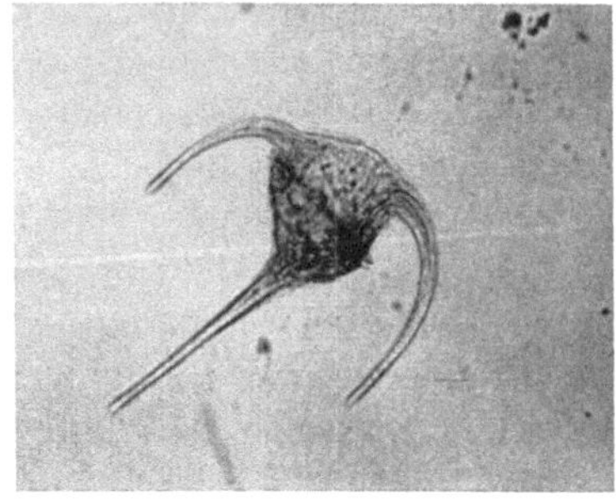

c

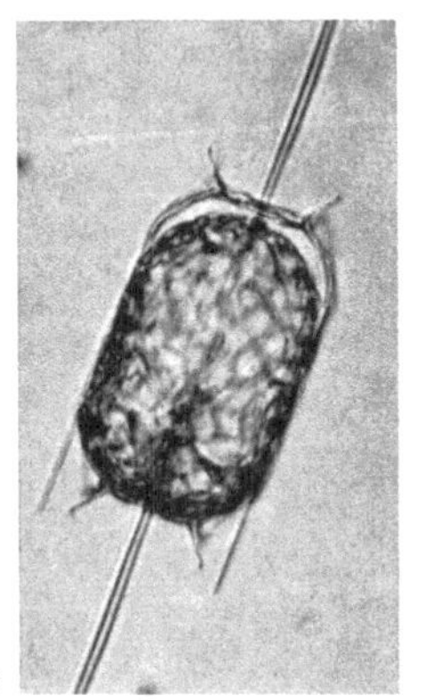

Abb. 11. Phytoplankton der Nordsee. 1.—3. Diatomeen; 4. Peridinee; a) *Chaetoceros teres*, Diatomee; b) *Coscinodiscus concinnus*, Diatomee in Teilung; c) *Ditylum brightwelli*, Diatomee nach der Teilung; d) *Ceratium tripos*, Peridinee (phot. Gillbricht)

hat, ist etwas kleiner. Dies wiederholt sich bei jeder Teilung. Werden die Zellen zu klein, bilden sie Auxosporen, das sind Ansammlungen des Zellinhalts in großen, dünnwandigen Blasen, gebildet von der Mutterzelle. Diese wachsen zu erheblich größeren Zellen heran und der Prozeß beginnt von neuem. Die Auxosporen können, müssen aber nicht notwendigerweise, mit der Produktion von Dauersporen in Verbindung stehen, die ungünstige Lebensbedingungen, wie kalte Winter etc., gut überdauern.

Einige Diatomeen werden fast immer einzeln gefunden. Bei den kettenbildenden Arten sind dagegen die Zellen in verschiedener Weise aneinander befestigt, fest verbunden durch die Zellwände oder locker durch Verflechtung der Fortsätze, durch Schleimbänder oder cytoplasmatische Fäden, die von der lebenden Zelle gebildet werden. Die Ketten können wie Perlketten, wie spiralig gewundene oder in verschiedener Richtung gedrehte Bänder, oder auch wie Stangen geformt sein (Abb. 10).

Die meisten Diatomeen sind zwischen 0,1 und 0,5 mm groß, ihr Gesamtgrößenbereich liegt aber zwischen 0,002 und 1,8 mm. Eine der kleinsten Formen, die im Frühjahr im Küstenwasser der Britischen Inseln vorkommt, ist *Skeletonema costatum* (Abb. 10) mit 7—15 μ im Durchmesser. Später im Jahr finden wir *Rhizosolenia styliformis* (Abb. 10), eine lange, nadelförmige Art, deren Durchmesser etwa 0,1 mm beträgt und die 1 mm lang ist.

Eine Diatomee aus östlichen Gewässern, *Biddulphia sinensis* (Abb. 10), wurde erst im Jahre 1903 in der südlichen Nordsee bei Helgoland gefunden. Vermutlich ist sie im Ballastwasser einiger Schiffe von China an die Elbe gebracht worden. Da die Umweltbedingungen günstig waren, vermehrte sie sich und wurde eine verbreitete Art in der südlichen Nordsee. Planktonforscher benutzten sie als Indikator für diese Gewässer. Mit der Zeit breitete sich die Art weiter aus und heute findet man sie im Englischen Kanal, in der Irischen See und in der nördlichen Nordsee.

Wegen der sehr feinen Skulpturierung der Diatomeenschalen hat man diese dazu benutzt, das Auflösungsvermögen mikroskopischer Linsen zu prüfen. Z. B. erfordert ein klares Bild von *Pleurosigma angulatum* eine Linse, die 18000 Linien pro cm unterscheiden kann, *Amphipleura pellucida* benötigt eine noch bessere Linse, die 37200 Linien pro cm trennt. In der Zeit zwischen 1880 und 1920 gab es viele Mikroskopiker, die aus reiner Freude ihre Instrumente benutzten, nicht um wissenschaftliche Entdeckungen zu machen, sondern um der optischen Perfektion willen. Für sie waren die Diatomeen besonders geeignet, vor allem die bodenlebenden Arten aus Felstümpeln, Süßwasser und Sumpfland. Viele glückliche Abende verbrachten diese Leute mit ihren kostbaren Instrumenten und ordneten ihre winzigen Sammlungen in geometrischen Mustern an, wie sie in Abb. 12 dargestellt sind. Objektträger mit diesen Phantasiemustern wurden auch gehandelt. Nach käuflichen Musterstücken konnte der Mikroskopiker seine eigenen Sammlungen bestimmen. Ein solcher Musterobjektträger wurde 1869 von MÖLLER in Wedel in Holstein hergestellt. Er enthält über 400 verschiedene Arten, wunderschön in einem

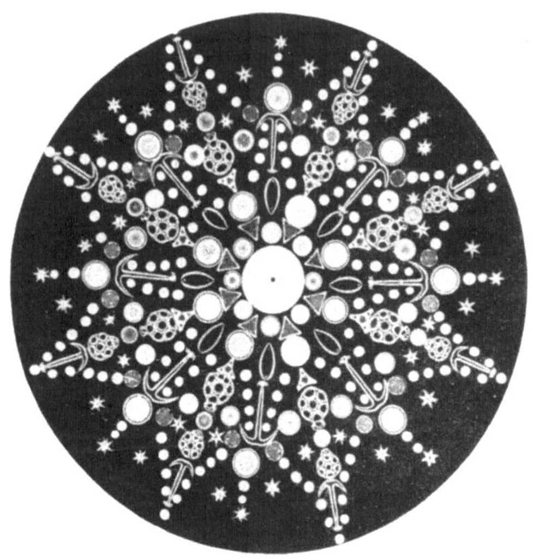

Abb. 12. Im 19. Jahrhundert klebte E. THUM in Leipzig 329 Diatomeenschalen und Spiculae zu diesem Muster (Durchmesser 3,5 mm) zusammen, „Hobby" der alten Mikroskopiker

Quadrat von 5 mm angeordnet. Ein gedruckter Namenskatalog wurde mitgeliefert. Nur wenige von uns haben heutzutage die Muße für solche akademischen Vergnügungen.

c) Die Dinoflagellaten

Bei den Dinoflagellaten unterscheidet man zwei Formen: Nackte und beschalte Dinoflagellaten (Abb. 10), letztere haben ein kräftiges Außenskelett aus Zelluloseplatten. Die einzelnen Arten unterscheiden sich in der Form ihrer Schalen. Alle Arten haben zwei Geißeln, die eine freibeweglich und die andere in einer Rille liegend, genannt der Gürtel. Viele Formen ohne Schale leben auf dem Meeresboden in seichtem Wasser zwischen Sandkörnern und im Schlick, aber es gibt auch zahlreiche planktonische Formen. Einige hundert beschalte Formen sind planktonisch; eine der bekanntesten ist *Ceratium tripos* (Abb. 10 u. 11).

Wie die Diatomeen enthalten auch die meisten Dinoflagellaten Chlorophyll, das aber hier durch andere Pigmente verdeckt wird, die ihnen ein braunes Aussehen geben. Sie nutzen ebenfalls gelöste Salze und Gase mit Hilfe von Sonnenlicht, d. h. sie sind autotroph. Andere ernähren sich wie die Protozoen von winzigen organischen Partikeln des Meeres oder von gelöster organischer Substanz (sie sind heterotroph). Wahrscheinlich können einige bodenlebende Formen, die kein Chlorophyll haben, sich nur heterotroph ernähren, während viele planktonische Arten beide Ernährungsweisen ausüben. Die planktonischen Dinoflagellaten gedeihen noch in Wasser, das weniger Nährsalze enthält, als es die Diatomeen fordern; sie sind daher dort am häufigsten, wo die Diatomeen bereits abgestorben sind. Wahrscheinlich verwenden die heterotrophen Formen die Auflösungsprodukte der Diatomeen (s. Kap. 9). Wie die anderen Algen, die früher schon erwähnt wurden, vermehren sich die Dinoflagellaten durch einfache Teilung, aber die beiden neuen Zellen brechen fast immer auseinander, so daß sie weiterhin einzeln leben. Manchmal jedoch bleiben die Zellen von *Ceratium* aneinander haften und bilden Ketten.

Viele Dinoflagellaten sind phosphoreszierend. Sie sind so klein und oft so zahlreich, daß sie eine Lichtwolke bilden, während andere planktonische Leuchtorganismen als einzelne Lichtpunkte erscheinen. Besondere Beachtung verdient in dieser Hinsicht *Noctiluca scintillans*, sie ist so aufgebläht, daß ihr Durchmesser fast 2 mm beträgt, der eigentliche Flagellatenkörper macht aber nur ein Bruchteil des gesamten Tieres aus. *Noctiluca* erzeugt das wohlbekannte Meeresleuchten und hat daher ihren Namen; sie ist vollständig heterotroph und frißt Diatomeen und kleinere Tiere des Planktons, selbst Fischeier, die man manchmal als Ganzes in ihrem Innern sehen kann.

Andere Vertreter des Phytoplanktons sind die fadenförmigen blaugrünen Algen (Cyanophyceae oder Myxophyceae) wie *Oscillatoria* und *Anabena*, die mehr in Küstengewässern und im Süßwasser vorkommen als in der offenen See. Zwei andere wichtige Organismen des marinen Phytoplanktons sind *Phaeocystis*, ein Vertreter der gelb-grünen Algen (Chrysophyceae) und *Halosphaera* (Xantophyceae). *Halosphaera* ist eine hellgrüne Kugel, groß genug, um mit bloßem Auge gesehen zu werden. Es ist eine ozeanische Art und wird im zeitigen Frühjahr oft in großer Anzahl in die nördliche Nordsee transportiert. *Halosphaera* vermehrt sich nicht durch Zweiteilung, sondern das lebende Gewebe im Innern der Alge teilt sich wieder und wieder, bis die Kugel voll ist von winzigen Sporen, jede mit einer Geißel. Die Sporen werden durch Platzen frei und schwimmen als Vertreter des Nanoplanktons umher, bis sie schließlich zu neuen Kugeln heranwachsen. In vieler Hinsicht ähnlich ist *Phaeocystis*, aber anstelle einer starren Kugel bildet sie eine große gallertige Masse. Unzählige dieser Gallerten kleben zusammen, und wenn sie genügend dicht stehen, machen sie das Wasser für Heringe ungenießbar, die daher diesen Algenansammlungen ausweichen. In Küstennähe ist *Phaeocystis* manchmal sehr häufig und wird als Schleim am Strand abgesetzt.

Ein Merkmal des Phytoplanktons, gleich welchem Typ es angehört, ist die extrem schnelle Vermehrung, solange die Umweltbedingungen günstig sind. Solche Massenvorkommen finden sich sowohl im Süßwasser als auch im Meer, sie werden Algenblüte genannt. Damit ist nur die plötzliche Massenentfaltung gemeint, es besteht keine Analogie zum Blühen höherer Pflanzen. Die Algenblüten sind sehr wichtig für den Meereshaushalt (Kapitel 10) und haben interessante Nebenwirkungen. Eine der blaugrünen Fadenalgen, *Trichodesmium erythraeum* besitzt sowohl rote als auch grüne Farbstoffe; sie lebt in warmen Gewässern und bildet zur „Blütezeit“ schleimige Kugeln von knapp 1 mm Größe im Durchmesser, die das gesamte Wasser rot erscheinen lassen. Von dieser Alge hat das Rote Meer seinen Namen. Andere rot gefärbte Algen „blühen“ ganz plötzlich und sind der Anlaß für Geschichten, in denen sich Wasser in Blut verwandelt. Eine weitere Art ist die Ursache für die „rosa Eisberge“. Die Planktonblüte hängt von dem Zusammentreffen verschiedener Faktoren ab, vor allem von einem reichen Nährsalzangebot. Dieser Nährstoffvorrat kann durch das Aufdringen angereicherten Tiefenwassers zustande kommen, durch Zuflüsse vom reich gedüngten Land und von Bergwerken oder durch den Zerfall anderer Organismen, die ihrerseits vielleicht lange dazu gebraucht haben, aus der Weite der See Nährstoffe anzusammeln. Mitunter „blühen“ toxin-erzeugende Arten, die eine sogenannte „rote Tide“ bilden. Zwar sind solche giftigen Algenblüten in warmen Gewässern häufiger, man kann sie aber auch in kühleren Gebieten finden, meist im Brackwasser, wenn dort nur geringe Gezeitenturbulenz herrscht. Rote Tiden sind meistens an Dinoflagellaten, wie *Gymnodinium brevis* und *Goniaulax monilata*, gebunden. Etwa ein Dutzend solcher Arten sind bekannt. In einer Algenblüte kann soviel Toxin gebildet werden, daß zahlreiche Fische in dem verseuchten Gebiet sterben und vom Wind an Land gewehtes Spritzwasser für die Küstenbewohner sehr unangenehm ist. Mitunter kommt es zu Fischsterben allein durch den Sauerstoffmangel beim plötzlichen Zerfall der Algenblüte; der bakterielle Abbau hat allen Sauerstoff verbraucht. Man hat herausgefunden, daß die Ursache für die Roten Tiden in Neu-Seeland winzig kleine Rotatorien sind, die einen hellroten Augenfleck haben; sie sind ungiftig.

In den britischen Gewässern gibt es einen giftigen Dinoflagellaten, *Gymnonidium veneficium*, den man erfolgreich in der Meeresstation von Plymouth gezüchtet hat. Es ist nicht bekannt, daß er jemals eine Blüte erzeugt hat und es ist sehr unwahrscheinlich, daß er in großem Umfange Fischen schädlich werden kann. Die kräftige Durchmischung des Wassers durch Gezeiten und Strömungen im Gebiet der Britischen Inseln macht eine plötzliche Ansammlung von Nährstoffen sehr unwahrscheinlich; und selbst wenn es dazu kommen würde, kann man nicht annehmen, daß gerade ein seltener giftiger Dinoflagellat sich so zahlreich vermehren würde anstelle einer der tausend anderen ungiftigen Arten.

Einige Dinoflagellaten leben parasitär in anderen Lebewesen des Planktons, besonders in Radiolarien (S. 35) oder in Fischeiern, wo sie die Embryonalentwicklung nicht ernsthaft zu stören scheinen; dennoch sind die Fischlarven geschädigt und sterben später nach dem Schlüpfen.

Algen des Nanoplanktons sind die Coccolithophoriden. Sie bilden eine sehr spezialisierte Gruppe, jede Zelle erzeugt eine Kalkschale von phantastischem Aussehen (Abb. 13). Die Zellen sind meist nur 15 μ groß, so daß es unmöglich ist, die Schalenstrukturen (Coccolithen) selbst mit der starken Vergrößerung eines guten Mikroskopes zu sehen. Nur mit dem Elektronenmikroskop können die Einzelheiten aufgelöst werden. Die Coccolithophoriden brauchen als Pflanzen Sonnenenergie, aber offenbar nur in sehr geringer Menge, da sie am häufigsten in 300 m Tiefe im klaren ozeanischen Wasser leben. Hier dienen sie den anderen Tiefseeformen des Planktons als Nahrung. Mitunter kommen sie auch nahe der Oberfläche vor. Die kleinen Kalkschalen lassen das

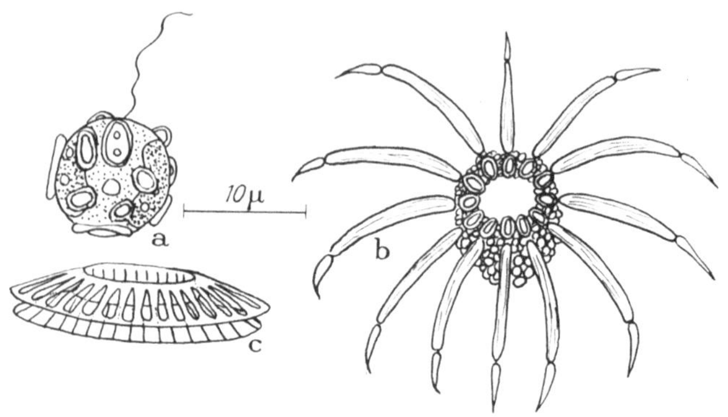

Abb. 13. *Coccolithophoriden*; a) *Coccolithus* (Pantosphaera) *huxleyi*, b) *Michaelsarsia aranea*, c) Rekonstruktion eines einzelnen Coccolithen von a) nach Elektronenmikroskop. Das Bild entspricht einer 17000fachen Vergrößerung des Durchmessers

Wasser eine Spur milchig erscheinen. Fischer nennen es Weißwasser und betrachten es als gutes Omen für die Heringsfischerei (S. 108). Wir wissen noch nicht genug über diese Gruppe. Es kann z.B. sein, daß wir für eigene Arten halten, was nur verschiedene Phasen aus der Lebensgeschichte der gleichen Art sind, oder Phasen irgendeines ganz anderen Organismus.

Kapitel 4

Zooplankton I

Biologen teilen das Pflanzen- und Tierreich in eine Anzahl von Hauptgruppen ein, die sog. Stämme, die wieder unterteilt sind in Unterstämme, Klassen, Ordnungen, Familien, Gattungen und

Arten. Angehörige aller Stämme des Tierreichs kommen im Meer vor; das Pflanzenreich ist weniger vollzählig im Meer vertreten; die marinen Pflanzen, abgesehen vom Seegras, gehören einem einzigen Stamm an. Alle Unterstämme der Wirbellosen sind im Meer vertreten, allerdings gibt es nur ganz wenige marine Insekten, Tausendfüßler und Spinnen. Einige Stämme sind ausschließlich marin, so die Echinodermen (Seesterne und Seeigel) und Chaetognathen (Pfeilwürmer). Auch der Stamm der Wirbeltiere hat in fast allen Klassen Meeresformen: Neunaugen, Fische, Meeresreptilien (Schildkröten, Seeschlangen, Meerechsen), Seevögel und Meeressäuger (Seehunde, Delphine, Wale). Nur gibt es keine marinen Amphibien (Frösche, Molche etc.). Natürlich sind nicht alle marinen Formen planktonisch, aber es ist erstaunlich, wie viele von ihnen planktonische Stadien durchlaufen. Kapitel 6 ist den planktonischen Larven bodenlebender Arten gewidmet.

Sehr viele kleine marine Lebewesen sind während ihres ganzen Lebens planktonisch. Wissenschaftler nennen sie holoplanktonisch im Gegensatz zu den meroplanktonischen Formen, die nur einen Teil ihres Lebens planktonisch sind. Das Vorkommen so kleiner Organismen erweckt den Eindruck, daß das Studium des Planktons eine ausschließlich mikroskopische Tätigkeit sei, in Wirklichkeit kann man aber viele Formen gut mit bloßem Auge oder mit nur schwacher Vergrößerung sehen. Einige der größten Medusen haben einen Durchmesser von mehr als einem Meter.

In diesem und im nächsten Kapitel werden eine Reihe der bekanntesten und charakteristischsten holoplanktonischen Arten in systematischer Ordnung beschrieben.

Protozoen

Protozoen sind einzellige und fast immer mikroskopische Lebewesen. Sie kommen sowohl im Süßwasser als auch im Meer vor, in feuchtem Boden und als Parasiten in fast jedem Lebewesen. Im Plankton leben sie frei oder haften größeren Planktern an. Es gibt auch viele parasitische Protozoen im Plankton. Die freien Protozoen (Abb. 14) ernähren sich von Bakterien und Detrituspartikeln, die vom Lande oder von der Auflösung mariner

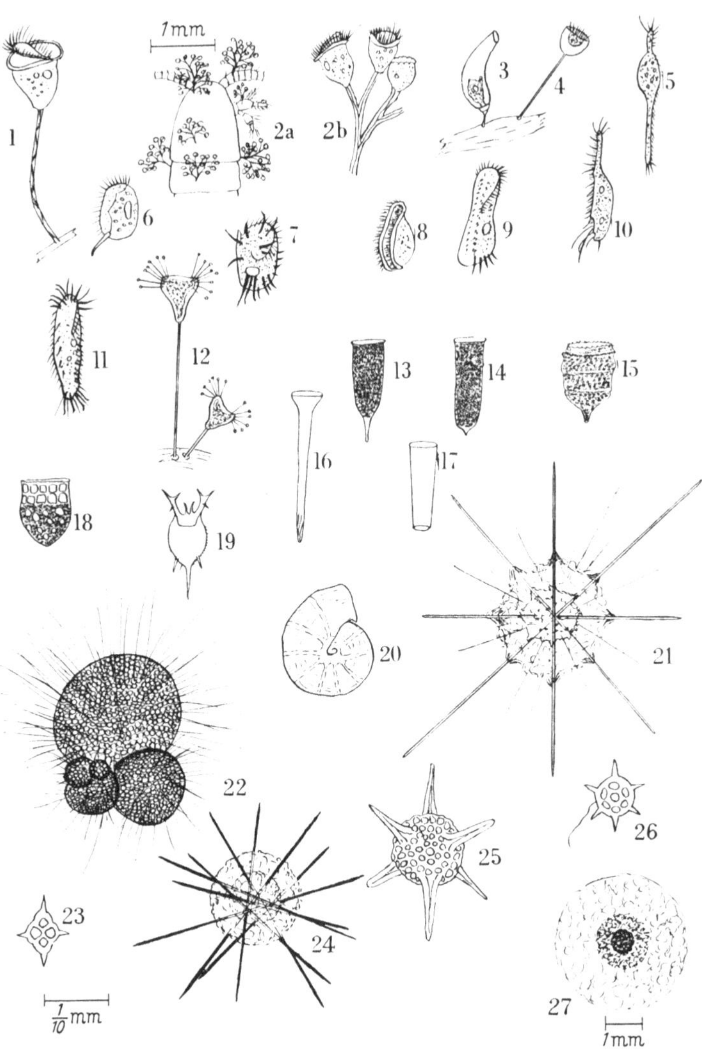

Abb. 14. Protozoen

1. *Vorticella marina*; 2. *Zoothamnion marinum* (2a zeigt im verkleinerten Maßstab Kolonien auf dem Copepoden *Eurytemora hirundoides*); 3. *Cothurnia gracilis*; 4. *Cothurnia havniensis*; 5. *Epiclintes retractilis*; 6. *Aegyria monostyla*; 7. *Euplotes harpa*; 8. *Aegyria oliva*; 9. *Amphisia pernix*; 10. *Stichochaeta pediculiformis*; 11. *Oxytricha pellionella*; 12. *Acineta tuberosa*; 13. *Parafavella elegans*; 14. *Parafavella edentata*; 15. *Ptychocylis minor*; 16. *Salpingella ricta*; 17. *Tintinnus tubulosus*; 18. *Dictyocysta magna*; 19. *Challengeron neptuni*; 20. *Nonion pompilioides*; 21. *Acathometron pellucidum*; 22. *Globigerina bulloides*; 23. *Dictyocha fibula*; 24. *Achanthochiasma fusiforme*; 25. *Hexalonche philosophica*; 26. *Distephanus speculum*; 27. *Thalassicolla nucleata* (1—11 Ciliata; 12 Suctoria; 13—18 Tintinnoidea; 20, 22 Foraminifera; 19, 21, 24, 25, 27 Radiolaria; 23, 26 Silicoflagellata. Alle im gleichen Maßstab außer 2a und 27)

Organismen herstammen; dadurch spielen die Protozoen eine wichtige Rolle im Nahrungscyclus des Meeres. Einige von ihnen sind nackt, andere bilden Schalen aus winzigen Sandkörnchen oder scheiden selbst die Schalen aus, die oft sehr zarte und komplizierte Muster haben. Die Glockentierchen haben ziemlich einfache glockenförmige Schalen (Abb. 14—*13*, *17*). Zwei der wichtigsten Gruppen planktonischer Protozoen sind die Foraminiferen und die Radiolarien. Die Foraminiferen scheiden kalkhaltige Schalen aus, die oft an winzige Schneckenschalen erinnern (Abb. 14—*20*, *22*) mit vielen kleinen Löchern (Foramina). Nach dem Absterben sinken diese Schalen zu Boden, oft in so großer Anzahl, daß sie einen Schlamm bilden. Die häufigste dieser Formen heißt *Globigerina* (Abb. 14—*22*); Globigerinenschlamm bedeckt den größeren Teil des Atlantik-Bodens und fast den ganzen Boden des Pazifischen Ozeans südlich des Äquators. Obgleich die planktonischen Foraminiferen außerordentlich individuenreich sind, ist die Zahl der Arten sehr klein (weniger als 100), man kennt aber etwa 1200 bodenlebende Arten. 18000 fossile Formen sind beschrieben worden. Von verschiedenen fossilen Arten ist bekannt, unter welchen Temperaturbedingungen sie gelebt haben. Durch das Studium der Fossilproben aus dem Meeresschlamm ist es möglich, auf Klimabedingungen zur Zeit der Ablagerungen zu schließen. Eine ähnliche Technik wird zur Altersbestimmung von Sedimentgesteinen verwendet.

Die Radiolarien scheiden keine äußere Kalkschale ab wie die Foraminiferen, sie bilden ein inneres Silikat-Skelett aus, das manchmal phantastisch zart ist. Der Name der Gruppe rührt von der radialen Anordnung des Kieselskeletts vieler Arten her (Abb. 14). Auch sie sind oft so zahlreich im Plankton vertreten, daß ihre Skelette einen Schlamm bilden. Ein Gürtel von Radiolarienschlamm verläuft quer über den Pazifik, von Panama bis etwa 160° W, nördlich des Globigerinenschlammes. Radiolarien kommen heute sehr häufig im Nordatlantik vor, besonders im wärmeren Wasser, von wo sie auch in die Nordsee, zu den Färöer und den Isländischen Gewässern verfrachtet werden. *Thalassicolla* (Abb. 14—*27*), ist ein riesiges Radiolar; es hat eine zentrale Zone von etwa 1 mm Durchmesser, die umgeben ist von einer etwa 5 mm dicken Protoplasmahülle, wodurch es einem Klümpchen

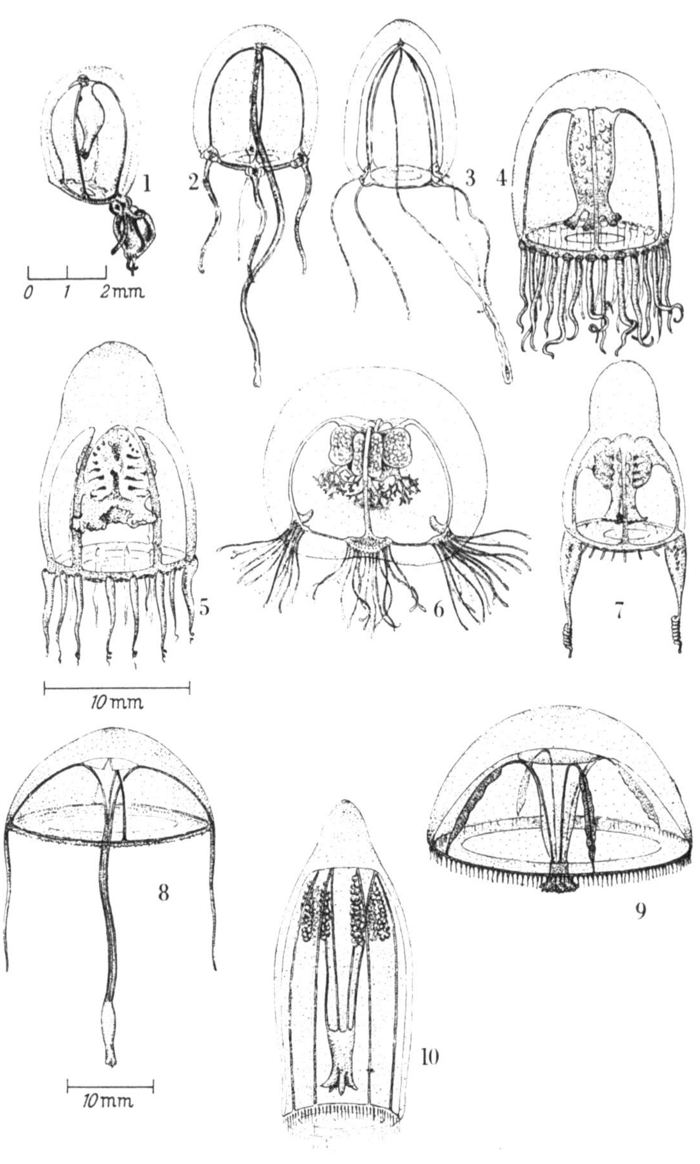

Abb. 15a. Kleine Medusen
1. *Hybocodon prolifer*; 2. *Sarsia tubulosa*; 3. *Dipurena ophiogaster*; 4. *Podocoryne borealis*; 5. *Leuckartiara octona*; 6. *Bougainvillia principis*; 7. *Amphinema rugosum*; 8. *Eutima gracilis*; 9. *Eutonia indicans*; 10. *Aglantha digitale*. Nach F. S. Russell

Froschlaich sehr ähnlich sieht. Es können sogar Dinoflagellaten auf ihr parasitieren.

Wichtig sind auch jene Protozoen, die an planktonischen Tieren festsitzen (Abb. 14—*2a*, *b*). Sie ernähren sich von Bakterien und Detritus (S. 100) und sind so sehr zahlreich in abwässerhaltigen Flußmündungen. Hier erfüllen sie eine nützliche Funktion, indem sie die Abwasserbakterien zerstören. Haben sie sich an verhältnismäßig beweglichen Organismen festgesetzt, so erfahren sie einen ständigen Wasserwechsel, der sie mit reichlicher Nahrung versorgt. Mitunter werden sie schließlich von den Tieren gefressen, die sie herumgetragen haben. Diese Protozoen bilden die Nahrung für kleine Crustaceen, die dann wieder von größeren Organismen gefressen werden. Das Plankton der Flußmündungen ist nicht so abhängig vom Pflanzenleben wie das der abwasserfreien Gebiete, und sogar unter den lichtarmen Winterbedingungen kann sich hier ein reiches Planktonleben entfalten.

Hohltiere (Medusen, Seeanemonen, Korallen etc.)

Coelenteraten (Hohltiere) sind Wassertiere und mit nur wenigen Ausnahmen marin. Ein Großteil der Coelenteraten ist während eines Teils des Lebens festsitzend, einige der charakteristischsten Formen sind aber immer freischwimmend. Das planktonische Stadium, die Medusen und Quallen, ist so typisch für das Plankton, daß wir es lieber hier als bei den meroplanktonischen Formen behandeln wollen. Die federartigen Hydroidpolypen, verbreitet in Tümpeln und küstennahem Seegras, erzeugen kleine Medusen (Abb. 15). Sie sind weit häufiger als die auffallend großen Quallen, die Badende und Fischer so ärgern. Alle sind sie räuberisch und fressen andere planktonische Lebewesen, einschließlich kleine Fische. Sie fangen ihre Beute, indem sie sie mit ihren Nesselzellen betäuben, die besonders an den Tentakeln und in der Mundregion sitzen, während sie gewöhnlich an der Oberseite der „Glocke“ fehlen. Von den Nesselzellen, auch Nematocysten genannt, gibt es eine Reihe verschiedener Typen. Grundsätzlich besteht jede aus einem Giftsäckchen mit eingestülptem Stift und Widerhaken. Bei Berührung wird der Sack zusammengedrückt und der Haken schießt heraus, durchdringt die Haut des Opfers und dient als Injektionsnadel. Die gelähmte Beute kann dann leicht gefressen werden. Medusen haben kleine Statocysten, Gleichgewichtsorgane, mit denen sie nicht nur ihre Lage wahrnehmen können, sondern auch die durch andere Organismen hervorgerufene Turbulenz. Sie können die Erschütterungen so genau lokalisieren, daß sie, obschon sie nicht sehen können, ihr

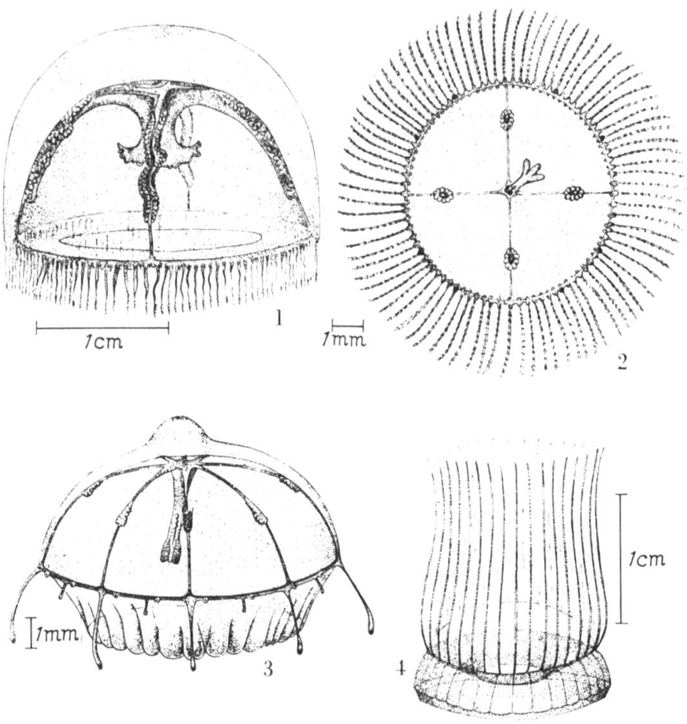

Abb. 15b. Kleine Medusen
1. *Laodicea undulata*; 2. *Obelia sp.*; 3. *Rhopalonema velatum*; 4. *Solmaris corona*
Nach F. S. Russell

Maul mit den Klebezellen im richtigen Augenblick ausstülpen, um einen vorbeischwimmenden Fisch oder Krebs zu fangen. Sie sind lichtempfindlich; Flachwasserformen sinken bei hellem Sonnenschein in tieferes Wasser ab, um wieder heraufzukommen, wenn eine Wolke die Sonne bedeckt oder es Abend wird. Sie schwimmen durch Pulsieren der „Glocke“ und halten die Richtung ein, indem sie die Glocke in die gewünschte Richtung neigen. Sobald sie aufhören zu pulsieren, sinken sie ab.

Quallen sind uns allen wohlbekannt (Abb. 16). Es gibt sehr viele Arten in den tropischen Gewässern, bei uns sind sie nicht so zahlreich. Ozeanische Arten werden manchmal von Strömungen

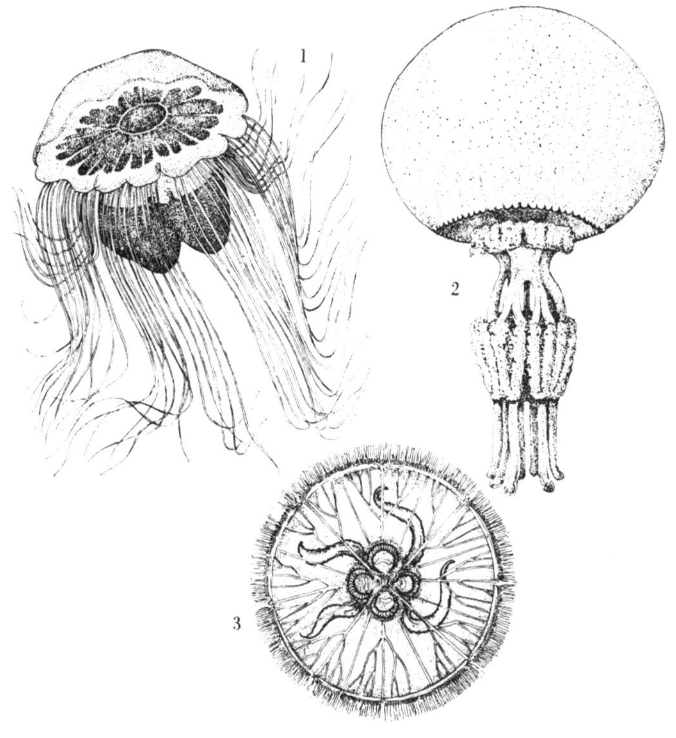

Abb. 16. Große Medusen
1. *Cyanea*; 2. *Rhizostoma octopus*; 3. *Aurelia aurita*

ins Flachwasser gebracht, aber gewöhnlich überleben sie nicht lange und vermehren sich, wenn überhaupt, nur sehr selten außerhalb ihres gewohnten Lebensraumes. Die größten einheimischen Arten leben und vermehren sich im Flachwasser. Unter ihnen ist die Ohrenqualle *Aurelia* die häufigste (Abb. 16, 17). Vier Arme hängen von der Mitte des Quallenschirmes herunter.

Aurelia stört Badende nicht, ihre Nesselzellen sind nicht stark genug, eine zarte Menschenhaut ganz zu durchdringen, aber

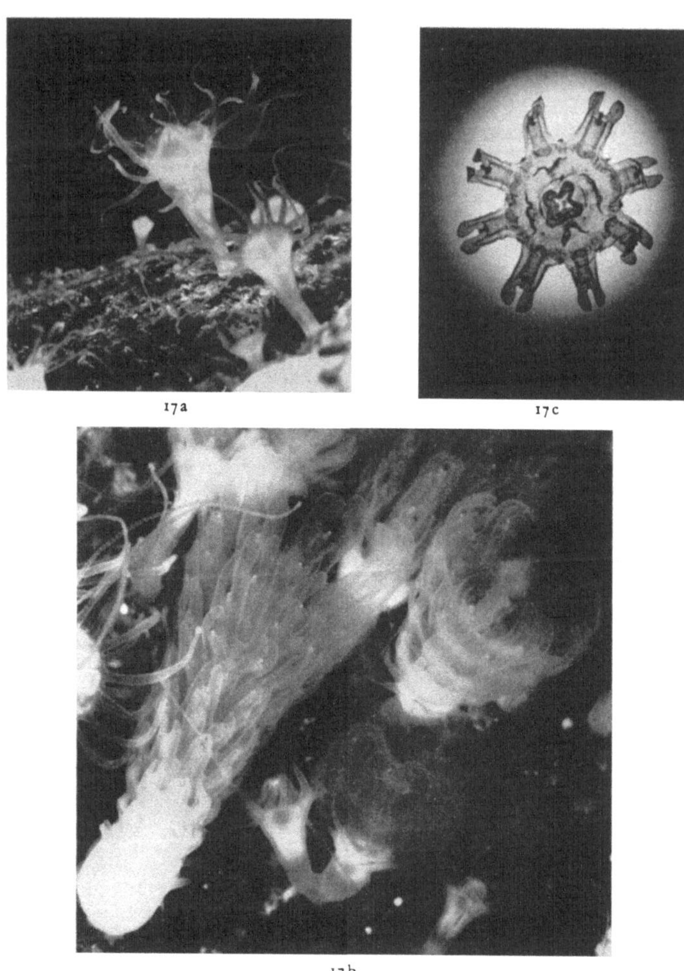

Abb. 17. Die Lebensgeschichte der Ohrenqualle *Aurelia aurita*; a) Polypen, b) Strobilation, c) Abgelöste Ephyra, d) Erwachsene Ohrenqualle (a, c, d phot. A. Holtmann; b, phot. H. Thiel)

zum Betäuben der Beute reichen sie aus. Die junge *Aurelia* kann, wenn sie 2 cm groß ist, kleine Fische betäuben und fressen. Aber im Verlaufe ihres Wachstums schrumpft ihre Mundkapazität und als ausgewachsene Qualle von 20—30 cm Durchmesser frißt sie ausschließlich feines tierisches Plankton.

Die Nesselquallen der Gattung *Cyanea* (Abb. 16) sind gewöhnlich viel größer, sie erreichen gelegentlich eine Größe von 1 m. *C. capillata* ist gelbbraun, *C. lamarcki* ist blau, letztere schleppt ein dickes Bündel sehr langer Tentakel nach, die sich bis zu 10 m strecken können. Diese Tentakel sind großzügig mit mächtigen Nesselzellen ausgerüstet, die nicht nur für Badende unangenehm sind, sondern auch für die rauhen Hände der Fischer und besonders unangenehm ist es, wenn die Augen mit dem Nesselstoff in Berührung kommen. Große Quallen bilden einen schützenden Schirm für kleine 2—5 cm große Fische, besonders für junge Wittlinge. Diese stehen nichts aus unter dem Quallenschirm, sie benutzen ihn als Sonnenschutz an hellen Tagen, auch sind sie hier

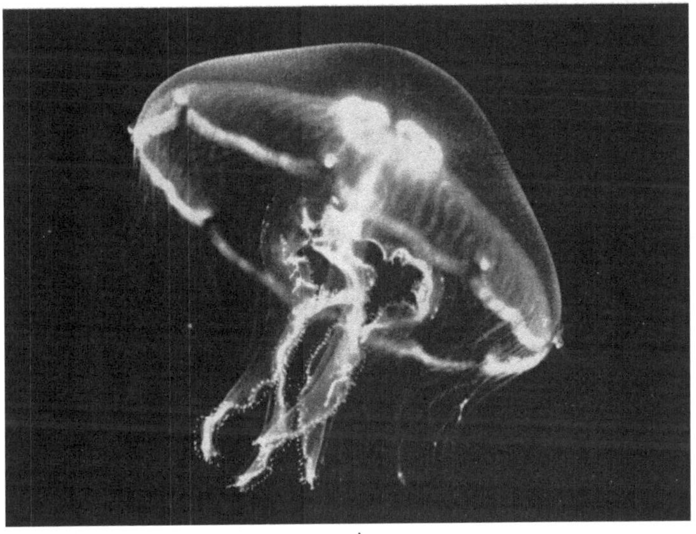

17d

sicher vor ihren Feinden und ernähren sich von Nahrungsresten der Qualle oder von ihren Krebsparasiten.

Die großen Quallen laichen im Herbst und sterben im folgenden Winter ab. Die jungen Larven setzen sich besonders gern in

Abb. 18a. Kompaßqualle *(Chrysaora)* im Aquarium der Biologischen Anstalt Helgoland (phot Schensky)

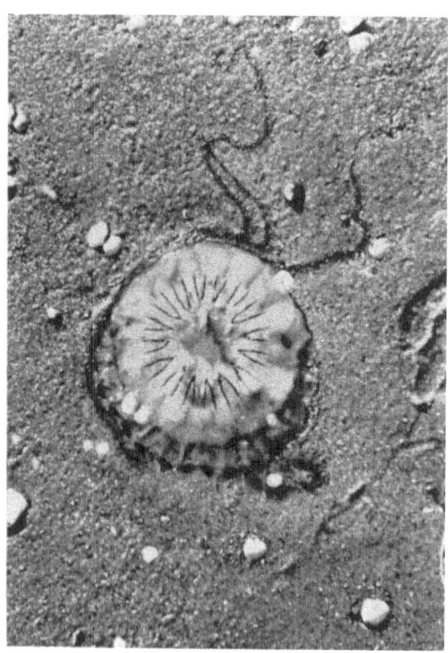

Abb. 18b. Gestrandete Kompaßqualle (phot. Hempel)

Küstennähe an Felsen und Steinen fest, an denen sie als längliche Gallerttröpfchen, Scyphistoma (Abb. 17) genannt, haften. Im Frühjahr teilen sie sich; wie bei einem Stapel Untertassen löst sich jede ab, schwimmt als Ephyra davon und wächst zu einer neuen Qualle heran.

Eine andere große Qualle, die an allen Küsten des Nordost-Atlantik beheimatet ist, ist die Blumenkohlqualle *Rhizostoma octopus* (Abb. 16). Sie kann ebenfalls nahezu 1 m im Durchmesser erreichen. Die Oberseite des Schirmes ist von schmutzigem Weiß und hat am Rande einen lilafarbenen Fransenbesatz. An der Unterseite sind vier große Löcher, die zu den Geschlechtsorganen führen. Darunter hängt der vielfach aufgezweigte, achtarmige Magen, der in Tausenden von Mündern endet und das Plankton einfiltert. Diese Qualle braucht daher ihre Opfer nicht zu betäuben und trotz ihres schrecklichen Aussehens ist *Rhizostoma* nicht nesselnd.

Die Kompaßqualle *Chrysaora* (Abb. 16, 18)

ist nicht so häufig wie *Aurelia* oder *Cyanea*, doch wird sie oft an unseren Küsten angespült (Abb. 20). Man erkennt sie an dem schokoladenfarbenen keilförmigen Muster. Die kleinere Perlqualle *Pelagia* ist eine atlantische Form und wird mitunter von ozeanischen Strömen in großer Zahl angetrieben.

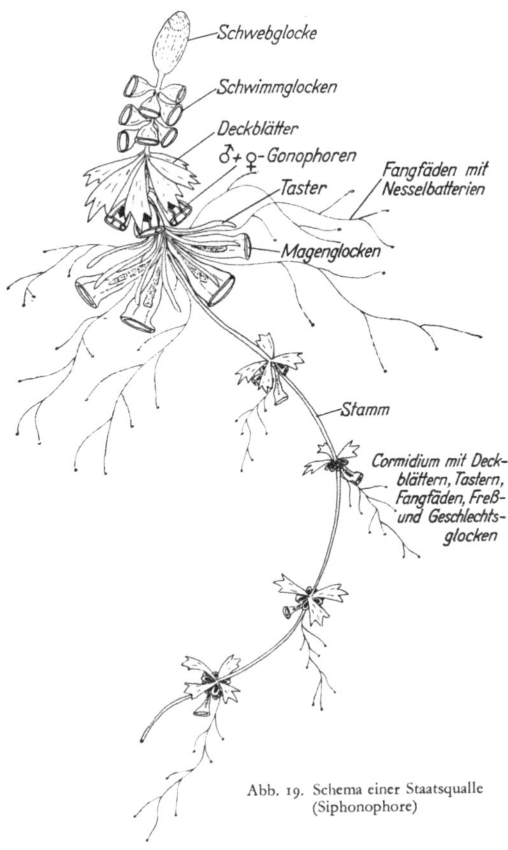

Abb. 19. Schema einer Staatsqualle (Siphonophore)

Eine andere Gruppe von Coelenteraten, die im Plankton vorkommt, sind die Staatsquallen, Siphonophoren (Abb. 19, 21), eine vollkommen planktonische Gruppe. Sie sind koloniebildend, d.h. jede Siphonophore ist eine Kolonie mit einer Anzahl von Individuen, jedes hat eine eigene Aufgabe. Einige sind einfache durchsichtige Glocken oder Doppelglocken mit kurzen Schlepptentakeln. Andere Tiere in diesem Staatsverband sind komplizierter und dienen als Schwimmglocken, andere wieder besorgen den Nahrungsfang und noch andere sind für die Vermehrung verantwortlich. Sie fangen und lähmen ihre Beute mit ihren Tentakeln, die mit Nesselzellen bewaffnet sind, ähnlich den Nesselquallen. Die meisten Kolonien sind so zart, daß es schwierig ist, sie unbeschädigt zu fangen. Meistens sind sie harmlos für uns, nur die „Portugiesische Galeere" *Physalia*, ist ein wirklich unangenehmes Geschöpf trotz ihrer so hübschen Färbung (Abb. 21). Man findet sie in den wärmeren Teilen des Nordatlantik, so in der Biskaya, von wo sie von Zeit zu Zeit in den Englischen Kanal eindringt. Gelegentlich wird sie weiter nach Norden verdriftet, allerdings sind Fundstellen nördlich des Bristolkanals sehr selten und in der Nordsee ist sie noch gar nicht gefunden worden. Ihr starkes, nesselndes Gift ist eine richtige Plage für Badende und ihr Auftreten im Jahre 1957 verursachte großen Aufruhr in der britischen Presse. Schnell auf die Haut aufgetragener Alkohol ist recht wirksam, da er die Giftwirkung reduziert und alle Nesselzellen, die der Haut anhaften, zerstört. *Physalia* ist leicht an ihrem großen bläulich oder grünlichen Schwimmkörper zu erkennen, der etwa 20 cm lang ist. Der Schwimmer ragt aus dem Wasser heraus und sein oberer Teil dient als Segel. Dieses Segel ist unsymmetrisch angebracht, woraus eine unterschiedliche Drift bei den Rechts- und Linksformen resultiert.

Eine kleine harmlose Siphonophore ist *Physophora* (Abb. 21), sie kommt in den nördlichen Gewässern vor und ist häufig in der Nordsee, in der Norwegischen See und in den Isländischen Gewässern. Aber sie dringt auch nach Süden vor, sogar bis ins Mittelmeer. Eine an der Oberfläche in warmem Wasser schwebende Pseudosiphonophore ist *Velella*, die Segelqualle (Abb. 21). Sie ist oval, lila oder blau und etwa 3—5 cm lang. Sie hat ein steifes Segel quer zum Quallenkörper; das Segel kann rechts oder links gesetzt sein, wie bei *Physalia*. Fast alle Tiere, die an der Westküste der Britischen Inseln angespült werden, haben linksseitige Segel. Wenn die Tiere stranden und absterben, wird ihr horniges Skelett mit dem Segel an den Strand geweht. Allgemein verbreitet ist *Velella* vor der Südwestküste Englands, sie kommt aber auch vor

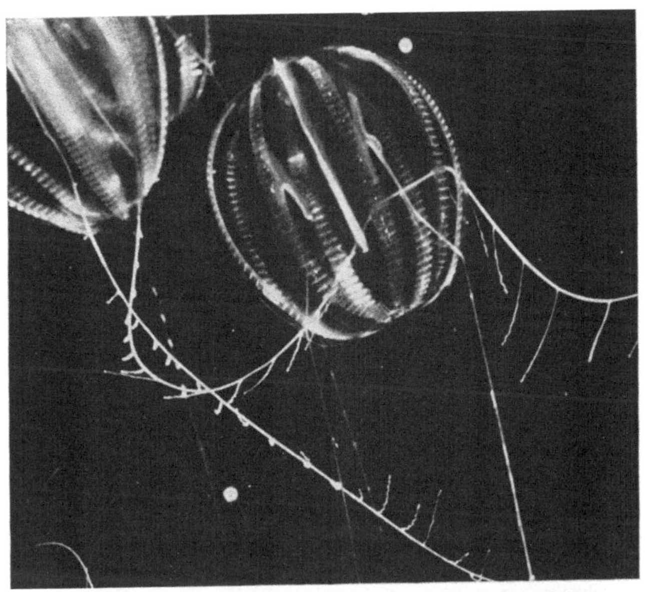

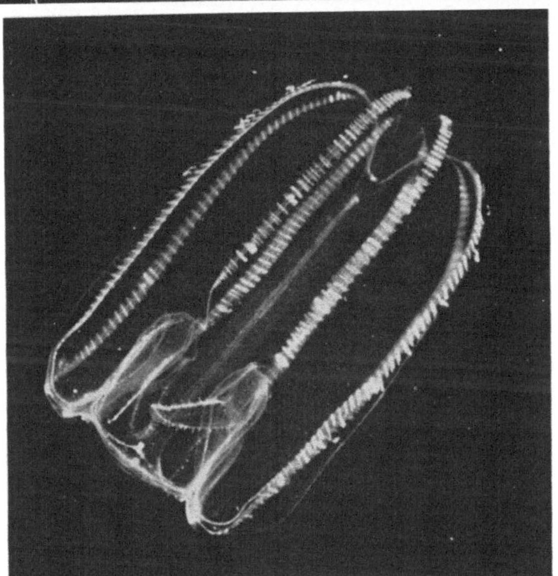

Abb. 20. Rippenquallen. Oben *Pleurobrachia pileus* mit langen Fangarmen. Unten *Bolinopsis* (phot. A. Holtmann

den Hebriden vor, gelegentlich im Gebiet der Färöer und sehr selten im Süden Islands.

Eine andere wichtige und nahezu vollkommen planktonische Gruppe sind die Ctenophoren, Rippenquallen (Abb. 21), die früher den Coelenteraten zugeordnet wurden. Nur zwei Arten sind so häufig, daß sie hier genannt werden müssen: *Pleurobrachia pileus* (Abb. 20) und *Beroë cucumis*.

Die See-Stachelbeere *Pleurobrachia pileus* hat ein weites Verbreitungsgebiet, ist aber besonders häufig in Küstengewässern. Nur auf dem isländischen Schelf fehlt sie vollkommen. Sie sieht wirklich wie eine durchsichtige Stachelbeere aus und die Gallerte ist steif genug, daß sie ihre Form behält, wenn sie am Strand angespült wird. Diese Stachelbeeren schwimmen durch Hin- und Herschlagen ihrer peitschenartigen Wimpern, die in 8 Kammreihen, den Rippen, angeordnet sind. Sie haben zwei in Taschen einziehbare Tentakel (der Name *Pleurobrachia* bedeutet gefaltete Arme), die sie beim Nahrungsfang auf das 10fache ihrer Körperlänge ausstrecken können. Sie haben keine Nesselzellen, fangen aber ihre Beute durch Berühren mit ihren klebrigen Tentakeln. Ihre Nahrung bilden Planktonorganismen, besonders kleine Fische.

Beroë cucumis (Abb. 21) ist etwas größer und von weicherer Konsistenz als *Pleurobrachia* und hat die Form eines Fingerhutes. Da sie 10—12 cm groß wird, kann man sie bei ruhiger See vom Deck eines Schiffes aus erkennen. Sie ist ein ozeanisches Tier und wird selten in erkennbarer Form angespült. Ihr Verbreitungsgebiet erstreckt sich von Grönland bis Spitzbergen und reicht nach Süden bis zur Nordsee, der westlichen Ostsee und dem Gebiet westlich der Britischen Inseln. Oft ist sie rosarot, besonders im kalten Wasser. *Beroë* hat, im Gegensatz zur See-Stachelbeere keine einziehbaren Tentakel, dafür eine große Mundöffnung — es ist die offene Seite des Fingerhutes; sie ernährt sich nicht nur von anderen Ctenophoren, sondern ist auch ein gefräßiger Kannibale.

Würmer

Eine Gruppe sehr verschiedener Tiere wird lose unter dem Begriff „Würmer“ zusammengefaßt. Nur wenige Würmer sind

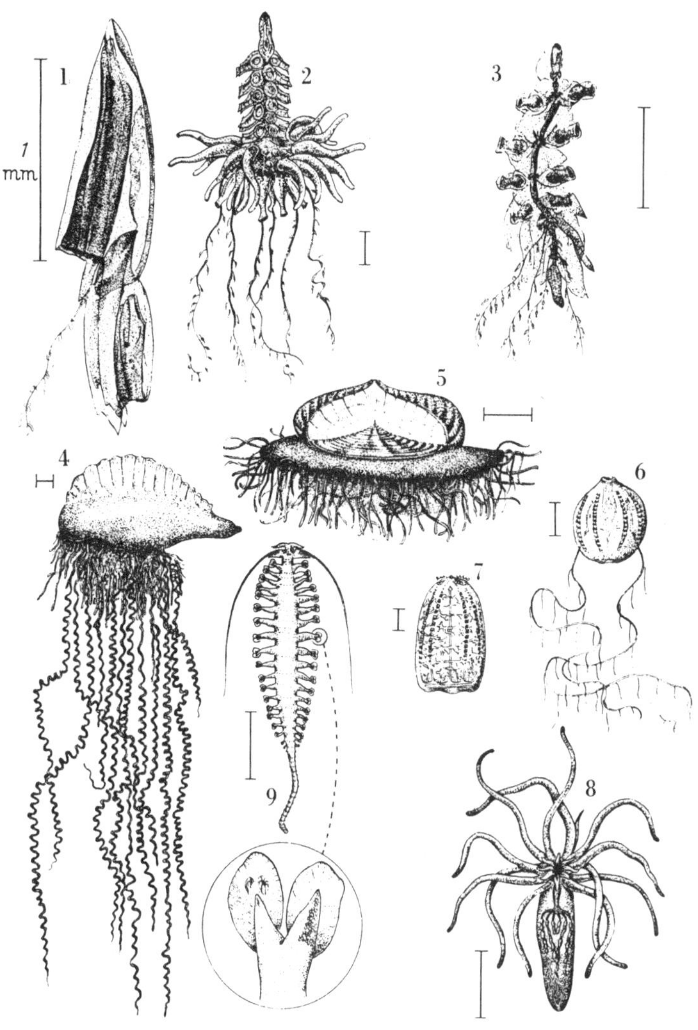

Abb. 21. Andere Coelenteraten, Würmer

1. *Chelophyes appendiculata*; 2. *Physophora hydrostatica*; 3. *Agalma elegans*; 4. *Physalia physalis*; 5. *Velella velella*; 6. *Pleurobrachia pileus*; 7. *Beroë cucumis*; 8. *Arachnactis*, Larve (1–5 *Siphonophoren* oder *Pseudosiphonophoren*; 6 und 7 *Ctenophoren*; 8 Larve einer Seeanemone); 9. *Tomopteris helgolandica*, ein pelagischer Polychaet (die Meßlinien entsprechen jeweils einem Zentimeter)

wirklich planktonisch, obschon eine große Anzahl von ihnen frei im Meer lebt, als Röhrenbewohner, innere und äußere Parasiten. Die eigentlichen Würmer im Plankton sind vorwiegend ozeanische Warmwasserformen, die nur gelegentlich in gemäßigte Zonen verdriftet werden. *Tomopteris helgolandica* wird aber im Mischwasser der ozeanischen und der Küstengewässer des Nordatlantik gefunden; er hat eine Reihe von gelappten Paddeln an jeder Seite, mit denen er kräftig schwimmen kann (Abb. 21).

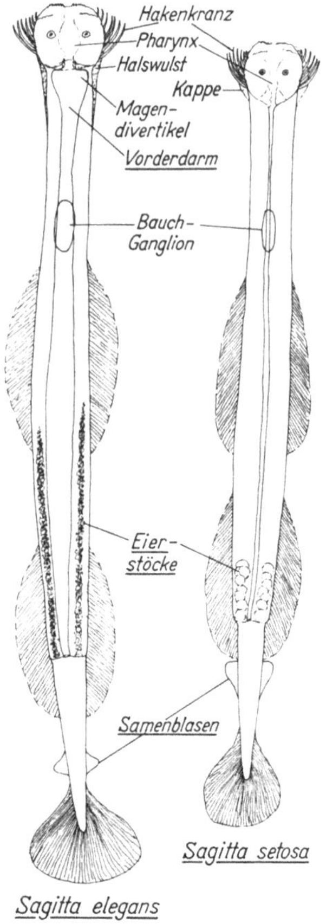

Abb. 22. *Sagitta setosa* und *Sagitta elegans*, Pfeilwürmer. Die Unterscheidungsmerkmale sind unterstrichen

Die Pfeil- oder Glaswürmer, Chaetognatha (Abb. 22) verdienen eine genauere Beschreibung. Außer einer Art, die zwischen Sandkörnern und zerbrochenen Muschelschalen am Boden lebt, sind sie alle planktonisch; sie sind außerordentlich transparent, schwimmen mit Flimmerbewegungen oder in schnellen Pfeilstößen und sind sehr gefräßige Räuber. Jedes Tier ist mit einer Reihe mächtiger Haken ausgerüstet und mit einer oder mehreren (meist zwei) Reihen kleiner Zähne. Der Pharynx ist so dehnbar, daß sie Tiere verschlingen können, die annähernd so groß sind wie sie selbst.

Mehr als 40 Arten sind bekannt, davon leben etwa ein Dutzend Arten im Nordatlantik, aber nur zwei kommen häufig in Küstengewässern vor, *Sagitta setosa* und *Sagitta elegans*. Die übrigen 10 Arten des Nordatlantik sind alle ozeanisch, einige sind Warmwasser- und andere Kaltwasserbewohner, einige bevorzugen die Oberflächenschichten, andere tiefere Schichten, wieder andere die Tiefsee. Jede Art hat ihre eigene Heimat, kann aber durch Strömungen in eine andere Umgebung verdriftet werden. Über die Verwendung der Pfeilwürmer als Indikatoren für Wasserbewegungen wird in Kapitel 10 und 11 berichtet.

Muscheln, Schnecken, Tintenfische

Jedermann bekannt sind die Schnecken und Muscheln der Küstengebiete. Viele Meeresschnecken und Muscheln leben auf

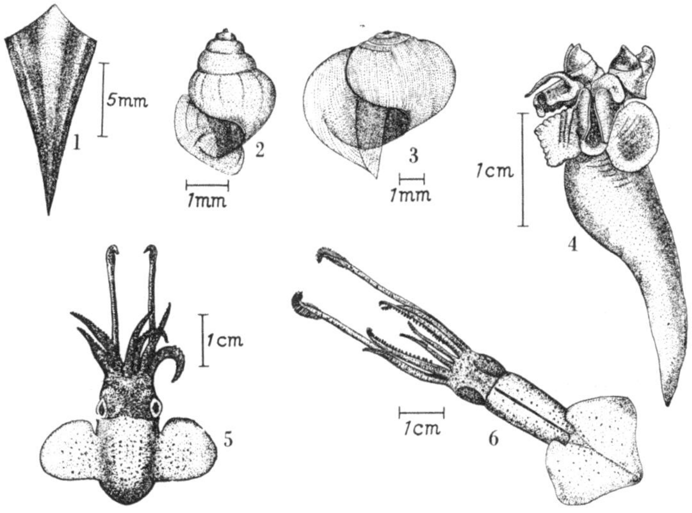

Abb. 23. Flügelschnecken und Tintenfische
1. Schale von *Clio pyramidata*; 2. Schale von *Spiratella (= Limacina) retroversa*; 3. Schale von *Spiratella helicina*; 4. *Clione limacina*; 5. *Sepiola*; 6. *Brachioteuthis*

dem Meeresboden oder haften an Felsen. Sehr viele von ihnen haben planktonische Larven, die in Kapitel 6 beschrieben werden. Es gibt aber auch Formen, die als erwachsene Tiere planktonisch leben: Die häufigste und in der Nahrungskette des Meeres wichtigste Meeresschnecke ist *Spiratella retroversa (Limacina retroversa)* Abb. 23.

Spiratella ist nur etwa $\frac{1}{4}$ cm groß und von schwarz-grauer Farbe. Sie tritt häufig in dichten Schwärmen auf, wenn sich ozeanisches und Küstenwasser mischen; Heringe können sich dann ausschließlich von ihr ernähren. *Spiratella* scheidet eine dunkle, sepiaähnliche Farbe aus, wodurch das Innere des Herings gefärbt wird. Gleichzeitig tritt ein unangenehmer Geruch auf und die Fische lassen sich nicht gut konservieren. Auch Plankton, das viele *Spiratella* enthält, wird im Probenglas schwarz mitsamt dem eingelegten Etikett. *Spiratella* schwimmt mit tanzenden Bewegungen und verwendet zwei Körperanhänge als Flügel oder Paddel. Gemeinsam mit anderen planktonischen Schnecken gehört sie zur Ordnung Pteropoda (Flügelschnecken). Interessanterweise haben die meisten Meeres- und Uferschnecken rechtsgedrehte Schalen, während *Spiratella* eine links gewundene Schale besitzt.

Eine Reihe ozeanischer Flügelschnecken ist von der Arktis bis in die Tropen verbreitet. Manche haben nur glatte oder gar keine Schalen, wie z.B. *Clione* (Abb. 23), die, ähnlich *Spiratella*, in küstennahen Gewässern mit ozeanischen Beimengungen gefunden wird. Nur sehr kleine Tiere von 3—6 mm Größe werden gewöhnlich in der Nordsee gefunden, weiter nach Norden im offenen Ozean sind sie viel größer und bei Island und Grönland werden sie über 2 cm groß. Pteropoden filtern Phytoplankton und andere kleine Teile aus dem Wasser.

Die Heteropoden bilden eine weitere planktonische Molluskengruppe. Sie sind ganz durchsichtig und schwimmen mit dem Rücken nach unten, dabei dient ihnen ein Schalenrest als Kiel. Sie sind Warmwassertiere, werden aber gelegentlich durch Strömungen in gemäßigte Zonen verdriftet; sie leben räuberisch und fressen Fische und andere sich schnell bewegende Tiere.

Auch die Tintenfische (Kalmare und Kraken) gehören zu den Mollusken. Einige sind Bodenbewohner, andere, wie die großen Kalmare, sind kräftige Schwimmer. Außer ihnen gibt es viele kleine planktonische Formen, sowohl achtarmige Kraken als auch zehnarmige Kalmare mit 8 kurzen und 2 langen Armen (Abb. 23). Beide Typen schwimmen ziemlich langsam vorwärts unter Verwendung ihrer flossenähnlichen Hautlappen, sie können aber auch sehr schnell rückwärts davonschießen, wie durch Strahlantrieb. Hierbei füllen sie die Körperhöhle mit Wasser, das sie durch eine Düsenöffnung am Ende des Rückens kräftig ausstoßen. Da diese Düse beweglich ist, können sie ihre Bewegungsrichtung kontrollieren. Auch die kleinen Planktonformen stoßen, wenn sie vor einem Feinde fliehen müssen, eine Tintenwolke ins Wasser. Hinter dieser „Nebelwand“ schießen sie davon, vom Verfolger ungesehen. Die Täuschung wird noch besser, wenn die Wolke die Form des Tieres annimmt, der entfliehende Tintenfisch aber seine Farbe wechselt. Es ist unmöglich, eine klare Trennlinie zu ziehen zwischen den planktonischen Formen und denen, die gut genug schwimmen können, um zum Nekton gezählt zu werden. Viele der großen, zum Nekton gehörenden Formen werden gelegentlich in Schwärmen verdriftet und an den Strand gespült. Die schnellen, pfeilartigen Sprünge mancher ozeanischer Formen ermöglichen es den Tieren, über der Meeresoberfläche wie fliegende Fische entlangzugleiten, oft auf eine Entfernung von mehr als 15 m und in einer Höhe von 3—6 m. Sie sind selber Räuber, werden aber auch von vielen anderen Tieren erbeutet, selbst vom riesigen Pottwal. Tintenfischfleisch ist eines der besten Futter für marine Aquarientiere und bildet einen besonders guten Krebsköder. Kalmare und *Octopus* dienen in den Mittelmeerländern der allgemeinen Ernährung und es werden jetzt sogar Tintenfische aus der Nordsee nach Italien exportiert.

Eine der bemerkenswertesten Fähigkeiten kleiner und großer Tintenfische ist der sehr schnelle Farbwechsel, der durch Ausdehnung und Zusammenziehen der Pigmentflecken entsteht. Bei völliger Kontraktion sind die Pigmentflecken winzig klein und weit voneinander entfernt, so daß das Tier fast weiß und die kleineren Tiere transparent erscheinen. Werden die Pigmentflecken ausgedehnt, erscheint das Tier zuerst gesprenkelt und dann vollständig gefärbt, meist braun-rot. Da sich nicht alle Pigmentflecken zur gleichen Zeit ausdehnen und die Expansion in wenigen Sekunden erfolgt, sind es die in verschiedener Richtung verlaufenden Farbwellen, die es dem Verfolger so erschweren, genau festzustellen, wo seine Beute ist. Viele Cephalopoden leuchten bei Nacht. Die Leuchtorgane sind in charakteristischen Mustern angeordnet.

Tintenfische fressen besonders gern Krabben und andere Crustaceen, und um sich den Fang dieser schnellen und gut bewaffneten Tiere zu erleichtern, scheiden sie mit ihren Speicheldrüsen einen krabbenbetäubenden Stoff, das Cephalotoxin ab.

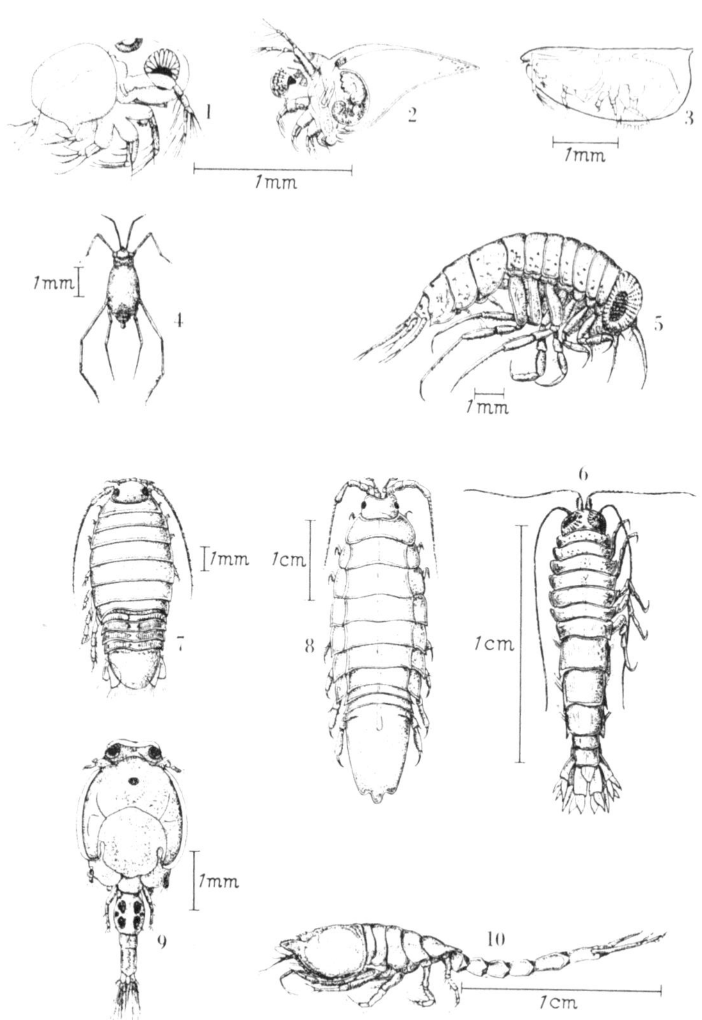

Abb. 24. Verschiedene planktonische Krebse und Insekten
1. *Podon leuckarti*; 2. *Evadne nordmanni*; 3. *Conchoecia elegans*; 4. *Halobates micans*; 5 *Themisto abyssorum*; 6. *Hyperia galba*, Männchen (das Weibchen ist viel breiter); 7. *Euridice pulchra*; 8. *Idothea balthica*; 9. *Caligus rapax*, Männchen; 10. *Diastylis rathkei* (1 und 2 *Cladoceren*; 3 *Ostracode*; 4 Insekt; 5 und 6 *Amphipoden*; 7 und 8 *Isopoden*; 9 Fischlaus, ein halbparasitischer *Copepode*; 10 *Cumacee*)

Kapitel 5

Zooplankton II

Wir kommen nun zu der wichtigsten Gruppe des Zooplanktons, den Arthropoden — „Tiere mit gegliederten Beinen“. Unter ihnen wiederum sind die Crustaceen im Meer sehr bedeutend, sie bilden ein wichtiges Glied der Nahrungskette zwischen Phytoplankton und Fischen. Unzählige Planktonkrebse nähren sich von Phytoplankton, sie selbst sind reich an Eiweiß und Ölen und stellen die Nahrung für Fische und Fischlarven dar. Zu den Crustaceen gehören ferner planktonfressende Krabben, Krebse und Garnelen, die auf dem Meeresboden entlanglaufen, aber auch die festsitzenden Seepocken. Viele Crustaceen leben im Süßwasser, andere auf dem Land.

Niedere Krebse

Zu den primitivsten Crustaceen gehören die Cladoceren *Podon* und *Evadne*, die ziemlich verbreitet sind (Abb. 24—*1*, *2*). Kleine Krebse, die durch ihre Doppelschalen an Muscheln erinnern, sind die Ostracoden, bodenlebende Tiere im Süßwasser und im Meer, in ozeanischen Gewässern oft planktonisch (Abb. 24—*3*).

Die wichtigste und artenreichste Klasse bilden die Copepoden, Ruderfüßler; die meisten von ihnen sind planktonisch. Einige leben parasitär und sind den freilebenden Formen sehr unähnlich, andere leben an Pflanzenteilen nahe der Wasseroberfläche, sie sind leicht als Copepoden zu erkennen. Die freilebenden Formen haben einen zusammenhängenden Kopf-Rumpf-Teil, den Cephalothorax mit Antennen, Mundteilen und Schwimmfüßen und einer Schwanzregion, dem Abdomen, das außer dem behaarten Gabelschwanz keine Anhänge hat. Die planktonischen Copepoden variieren sehr stark in ihrer Größe, von sehr kleinen, etwa ½ mm bis zu etwa 12 mm großen Tieren, aber diese größten Copepoden kommen nur im offenen Ozean vor.

Unter den Hunderten von Arten mariner, planktonisch lebender Copepoden (Abb. 25) ist *Calanus* am wichtigsten und am besten untersucht. *Calanus*-Arten bilden die Hauptnahrung für planktonfressende Fische, wie den Hering. Am häufigsten ist

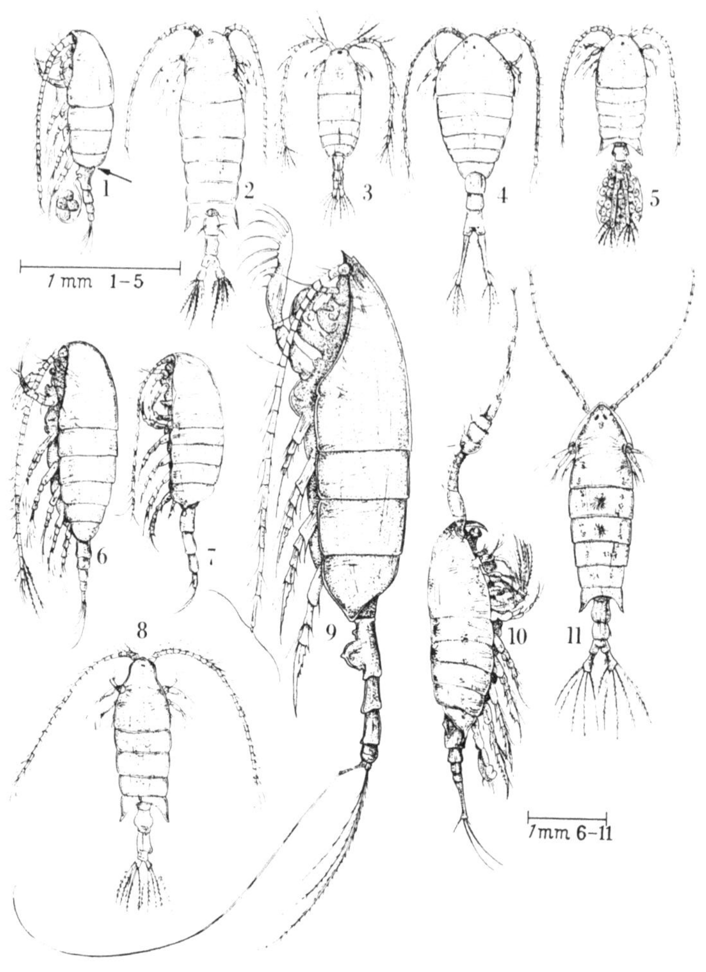

Abb. 25. *Copepoden*

1. *Pseudocalanus elongatus*; 2. *Centropages typicus*; 3. *Acartia longiremis*; 4. *Temora longicornis*; 5. *Eurytemora hirundoides*; 6. *Calanus finmarchicus*; 7. *Metridia lucens*; 8. *Candacia armata*; 9. *Pareuchaeta norvegica*; 10. *Anomalocera patersoni*, Männchen; 11. *Anomalocera patersoni*, Weibchen

Calanus in nordischen Gewässern, er kommt aber auch in der Nordsee, im Englischen Kanal, im Schwarzen und Roten Meer, im Indischen und Pazifischen Ozean, in Malaya und Australien vor. Seine Verbreitung ist also nahezu kosmopolitisch. Wie viele andere, in den oberen Wasserschichten lebende Arten, frißt *Calanus* direkt das Phytoplankton. Einige andere Copepoden, wie z.B. *Anomalocera* und *Candacia* sind Räuber. Die Tiefseeformen, die unter der Zone des Pflanzenwachstums leben, sind entweder Räuber oder Detritusfresser.

Die meisten Copepoden haben Augen, die zwar lichtempfindlich sind, aber keine Einzelheiten wahrnehmen können, obschon einige der weiter entwickelten Augen, wie die des Männchens von *Anomalocera*, wohl zum Bewegungssehen, aber nicht zum Formensehen befähigt sind. Die planktonischen Arten sind gewöhnlich transparent, einige von ihnen wie *Anomalocera* sind ganz blau, andere, wie *Calanus*, wirken rötlich durch die rot gefärbten Ölkugeln in ihrem Körper. Verschiedene Tiefseearten sind dunkelrot. Besondere Beachtung verdient *Anomalocera*. Sie tanzt an der Oberfläche herum, springt aus dem Wasser heraus und wieder hinein, so daß es auf ganz ruhigem Wasser wie Regen aussieht. In Flußmündungen leicht zu fangen ist *Eurytemora hirundoides*; sie ernährt sich von Protozoen, die ihrerseits wieder Bakterien fressen. Es ist sehr leicht, Copepoden aus Felstümpeln zu fangen und ein großes Vergnügen, sie zu beobachten: *Tigriopus* ist etwa 1 mm groß, von hell rötlicher Farbe und lebt in Tümpeln — nahe der Hochwasserlinie, wo die Fäden der Grünalge *Enteromorpha* vorkommen und verfaulen. Bis zu 10 *Tigriopus* kommen in einem Kubikzentimeter Wasser vor; sie vertragen es, vom Regen überspült zu werden, zu einem Salzkuchen auszutrocknen, zu gefrieren und bis zu 40° C in der Sonne aufgeheizt zu werden. Nur wenige Lebewesen sind so widerstandsfähig und deshalb wird *Tigriopus* häufig zu physiologischen Experimenten verwendet: „Das Meerschweinchen des Meeres!"

Die Copepoden sind getrenntgeschlechtlich. Nach der Kopulation produzieren die Weibchen ihre Eier, die entweder ins Wasser entlassen oder vom Weibchen in Eisäckchen herumgetragen werden. Die meisten der in Gezeiten-Tümpeln lebenden Tiere tragen ihre Eier umher. Eine Kopula reicht bei *Tigriopus* für mehrere Eiportionen aus. Geschlechtsreife Männchen sind bei *Calanus* selten. Dieser Mangel an Männchen entsteht wahrscheinlich durch die schnellere Entwicklung und kürzere Lebensdauer der Männchen und nicht durch einen Unterschied in der Schlüpfrate oder im Geschlechtsverhältnis bei den Eiern.

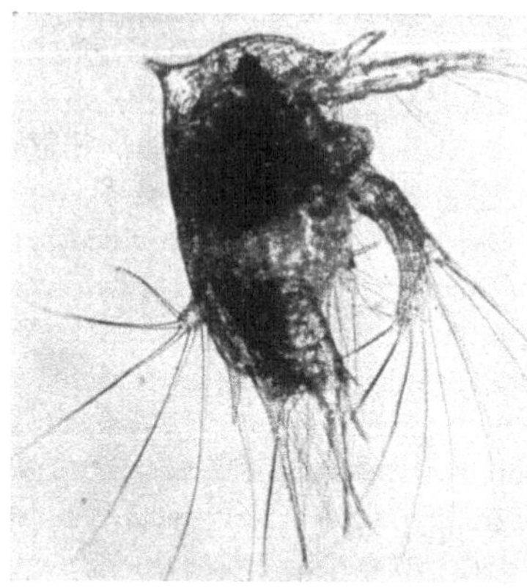

Abb. 26. Nauplien (erste Larvenstadien) der Seepocke (*Balanus*); oben: von oben; unten: von der Seite (phot. A. Holtmann)

Die frisch geschlüpften Larven heißen Nauplii (Abb. 26), sie haben 3 Beinpaare zum Schwimmen, die später zu Antennen und Mundanhängen werden. Der erste Nauplius häutet sich bald und der nächste Nauplius ist etwas größer. Dieser Vorgang setzt sich fort bis zum 5. oder 6. Stadium je nach Copepodenart, bei *Tigriopus* sind es immer 5, bei *Calanus* immer 6 Stadien; von Stadium zu Stadium vermehrt sich die Zahl der Gliedmaßen (Abb. 27). Der letzte Nauplius wird zum Copepoditen. Nach 5 weiteren Häutungen, bei denen die Anhänge immer besser ausgebildet werden, ist der Copepodit zum geschlechtsreifen Copepoden geworden. Die Anzahl der Generationen pro Jahr wechselt je nach Art und Vorkommen. Viele Tümpel-Copepoden haben mehrere Generationen pro Saison, die planktonischen Kaltwasserformen gewöhnlich nur eine im Jahr. Gibt es nur *eine* Generation im Jahr, werden die Eier im Frühling

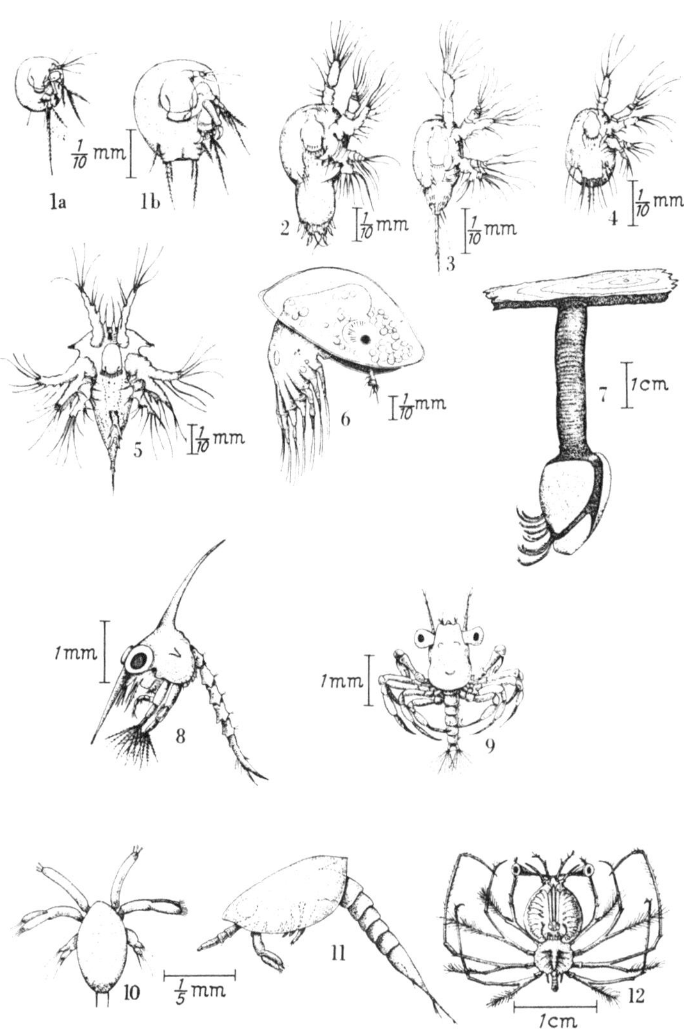

Abb. 27. Crustaceenlarven und *Lepas*

1a. und 1b. erstes und drittes Nauplius-Stadium von *Tigriopus*; 2. viertes Nauplius-Stadium von *Calanus*; 3. fünfter Nauplius von *Centropages*; 4. fünfter Nauplius von *Oithona*; 5. zweiter Nauplius von *Balanus*; 6. Cypris-Stadium von *Balanus*; 7. erwachsene *Lepas* (Entenmuschel); 8. drittes Zoëa-Stadium von *Portunus puber*; 9. Megalopa-Stadium von *Portunus puber*; 10. zweiter Nauplius des Euphausiden *Thysanoessa inermis*; 11 Calyptopis-Stadium des Euphausiden *Thysanoessa longicaudata*; 12. Phyllosoma-Stadium von *Palinurus* (Languste) abgelegt, wenn genug Phytoplankton als Futter für die jungen Nauplii vorhanden ist. Während des Sommers wachsen sie und häuten sich und verbringen den Winter im 5. Copepodit-Stadium, um sich schließlich im zeitigen Frühjahr fortzupflanzen.

Die parasitären Copepoden sitzen im allgemeinen an ihren Wirtstieren fest, aber einige können auch im Plankton gefangen werden; es sind die sogenannten Fischläuse, die entweder von ihrem Wirtstier abgespült wurden oder auf der Suche nach einem neuen sind. Der häufigste Copepode dieser Art ist *Caligus* (Abb. 24).

Die nächste Crustaceen-Gruppe, die wir hier betrachten, sind die Rankenfüßer oder Cirripedia. Ihre Jugendstadien sind planktonisch, die erwachsenen Tiere sitzen an Felsen fest (Seepocken), oder wie die gestielten Entenmuscheln (Abb. 27) an schwimmenden Gegenständen, Holzteilen, Flaschen, Schiffsböden und treibendem Seegras. So werden die Entenmuscheln von den Strömungen oft über weite Strecken transportiert und man kann sie fast als planktonisch bezeichnen. Sie sind meist Warmwasserformen. *Lepas fascicularis* bildet einen schwammähnlichen Schwimmer aus.

Die Entenmuscheln sind mit einer ungewöhnlichen Geschichte verbunden, die einst weit verbreitet war; sie ist uns schon auf mykenischen Vasen überliefert (etwa 1000 v. Chr.) und war von Troja bis Irland, vom Kaukasus bis Indien und Japan bekannt. Man stellte sich vor, daß sich die mit Holz angespülten *Lepas* mit ihrem langen „Hals", den entenähnlichen Schalen und ihren federgleichen Freßgliedmaßen in junge Enten verwandeln könnten. Diese Geschichte wurde im Mittelalter weiter ausgesponnen und es hieß, daß *Lepas* nahe dem Wasser auf Bäumen wachsen, ins Wasser fallen und sich dort in Enten verwandeln würden. Im Jahre 1597 beschrieb ein englischer Beobachter, wie er den ganzen Prozeß an der Küste von Lancashire gesehen habe. Später starb die Legende allmählich aus, aber die Beziehung zu den Enten ist im deutschen und bei *Lepas anatifera* auch im lateinischen Namen erhalten geblieben. Nach der Legende wachsen diese Cirripedier als Teil eines Stück Holzes heran und müssen daher pflanzlichen Ursprungs sein, und ebenso die Enten! Diese bemerkenswerte Logik führte dazu, daß Enten von gläubigen Katholiken als Fastenspeise anerkannt wurden, trotz einer päpstlichen Bulle von

Papst Innocent III. im Jahre 1215. Die gummiartigen Stiele der Entenmuscheln werden in Spanien, Portugal und den anderen Mittelmeerländern gegessen.

Höhere Krebse

Die Cumaceen sind kleine Formen, die den sandigen oder schlammigen Meeresboden bewohnen oder in Felstümpeln zwischen Seegras leben. Mitunter schwimmen sie so weit vom Boden weg, daß sie vom Planktonnetz gefangen werden.

Die Amphipoden sind gut bekannt durch die Flohkrebse des Süßwassers und die Sandflöhe, die sehr häufig zwischen gestrandeten Algen herumspringen. Ebenso häufig kann man Amphipoden in der Tümpelfauna finden, weniger typisch sind sie für das Plankton der offenen See. Man kennt einige groteske Tiefseeamphipoden und nur wenige, aber volkreiche Arten des Oberflächen- oder Küstenwassers. *Themisto* (Abb. 24) springt ähnlich wie der Copepode *Anomalocera* auf der ruhigen Wasseroberfläche. Sein Panzer ist seltsamerweise unbenetzbar; gerät ein Körperteil über die Wasseroberfläche, so kommt das ganze Tier durch die Oberflächenspannung vollkommen trocken aus dem Wasser. Ein naher Verwandter von *Themisto* ist *Hyperia* (Abb. 24), meist im Plankton in der Nähe größerer Medusen zu finden, da er als deren Ektoparasit lebt und sich von ihrer Gallerte ernährt.

Die Isopoden sind bekannt durch die Gartenasseln, aber es gibt auch Süßwasser- und marine Arten, wie *Ligia oceanica*, die an Felsküsten oder an der Hochwasserlinie entlangläuft. Sie sind den Amphipoden recht ähnlich, nur sind sie dorso-ventral abgeplattet und nicht seitlich wie die Amphipoden. Ihre Beine sind fast immer von gleicher Länge (daher der Name). Eine der größten Formen, *Idothea*, etwa 2—3 cm groß, lebt in Felstümpeln (Abb. 24). Planktonische Idotheen sind mit treibenden Algen vergesellschaftet und können Hunderte von Meilen verdriftet werden. Sie kriechen auf den Algenfäden herum und schwimmen nur wenig, und viele Generationen können auf der kleinen schwimmenden Insel leben, die oft nicht größer als 1 m ist. *Euridice* (Abb. 24) ist ein echt planktonischer Isopode; es gibt auch einige Tiefseeformen und ein ganzes Buch könnte man über jene seltsamen Isopoden schreiben, die auf anderen Crustaceen parasitieren.

Mysideen (Abb. 28) sind meist durchsichtig, mit Ausnahme ihrer Augen, die ganz dunkel sind, nur bei einigen Arten hellrot, orange oder milchig weiß. Ihr kurzer Rückenpanzer umschließt die Thorakalregion und ist höchstens mit den ersten drei Segmenten

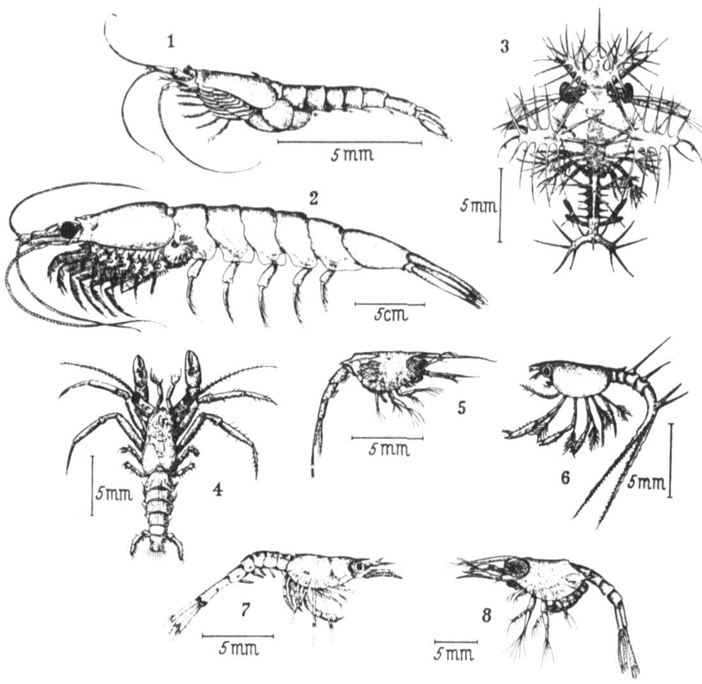

Abb. 28. Höhere Krebse und ihre Larven
1. *Gasterosaccus sanctus* (Mysidee); 2. *Meganyctiphanes norvegica* (Euphauside); 3. *Sergestes* (Garnele); 4 und 5 *Eupagurus* (Einsiedlerkrebs); 6. *Nephrops* (Kaisergranat); 7. *Crangon* (Granat „Krabbe"); 8. *Galathea*

verbunden. Am Abdomen sitzt eine Reihe von Schwimmfüßen, am Ende breitet sich ein Fächerschwanz aus, in dessen innerer Höhlung sich Statocysten (Gleichgewichtsorgane) befinden. In diesen Gleichgewichtsorganen liegt ein Gleichgewichtsstein in einer empfindlichen, runden Höhle. Seine Lage zeigt dem Tier an, in welcher Stellung es sich im Wasser befindet.

Die Mysideen sind sehr verbreitet vor Sandstränden; besonders zahlreich kommen sie in Flußmündungen vor, wo sie flußauf und flußab mit der Tide wandern und so in annähernd gleichem Salzgehalt bleiben.

Im Aussehen den Mysideen ähnlich sind die Euphausiden, die nächst den Copepoden die wichtigsten Crustaceen im Plankton sind. Die Euphausiden unterscheiden sich von den Mysideen durch den Carapax, der mit dem ganzen Thorax verbunden ist, aber die Kiemen frei läßt. Sie haben keine Statocysten im Schwanzfächer, aber gewöhnlich Leuchtorgane unter dem Abdomen zwischen den wohlausgebildeten Schwimmbeinen. In der Regel sind die Euphausiden in Küstennähe nicht so häufig wie die Mysideen, dafür aber sehr verbreitet in der offenen See, in der nördlichen Nordsee wie auch im Ozean. *Euphausia superba*, der Krill, bildet die wichtigste Nahrung für die planktonfressenden kleineren Wale der Antarktis; *Meganyctiphanes* (Abb. 28) macht die Hauptnahrung für die arktischen und borealen Wale aus. Auch für Riesenhaie und Heringe sind diese Euphausiden wichtige Nährtiere (Abb. 28).

Die höchste Ordnung der Crustaceen sind die Dekapoden, meist bodenlebende Formen mit planktonischen Larven, die wir im nächsten Kapitel betrachten wollen. Eine echt planktonische Form ist die Geistergarnele *Pasiphaea*, die gelegentlich in Schwärmen nahe der Küste auftritt. Planktonische Tiefseeformen der Dekapoden, wie auch anderer Krebse, sind meist hellrot, wie z.B. *Acanthephyra*, oder leuchten wie *Eryoneicus*.

Die anderen Klassen der Arthoproden, Tausendfüßler, Insekten, Spinnen und Milben haben alle einige marine Formen, aber planktonisch ist nur *eine* Insektengattung mit Namen *Halobates*, Warmwassertiere, mit den Wasserläufern verwandt. Einige Arten von *Halobates* kommen im Pazifik und im Indischen Ozean vor, eine einzige Art, nämlich *H. micans* gibt es im tropischen Atlantik.

Stachelhäuter und Manteltiere

Die Echinodermen (Seesterne und Seeigel usw.) sind eine vollkommen marine Gruppe. Alle Stachelhäuter haben planktonische Larven, aber nur eine Gattung, *Pelagothuria*, ist vollständig planktonisch.

Als nächstes kommen die Tunikaten, man stellt sie zu den Chordaten, zu denen auch alle Wirbeltiere gehören. Manteltiere sind von gallertiger Beschaffenheit und wirken eigentlich zu primitiv, um so hoch eingeordnet zu werden; sie sind aber gar nicht so primitiv, wie sie auf den ersten Blick aussehen. Sie haben innere Kiemenspalten, ein Endostyl (drüsige Schlundrinne) und eine primitive Chorda, wie wir sie weiterentwickelt bei den Wirbeltieren finden. Es gibt an Felsen festsitzende Tunikaten (Seescheiden), und planktonische Formen, die Appendicularien und Thaliaceen. Die Appendicularien (Abb. 29) sind sehr kleine Lebewesen mit einer klumpenförmigen Blase als Körper und einem muskulösen Schwanz, der hell schillern kann. Sie scheiden ein gallertiges Gehäuse ab. Die Gehäusewand ist nach einem bestimmten Muster fein durchlöchert; das darin lebende Tier strudelt nur die kleinsten Planktonzellen, das Nanoplankton, durch diese Poren des Hauses. Auf einem klebrigen Band festgehalten wird das Nährplankton zum Magen geführt. Die häufigste Art in unseren Gewässern ist *Oikopleura dioica*, die getrenntgeschlechtlich ist. *Oikopleura labradoriensis*, eine mehr ozeanische Form, ist Zwitter.

Bei den Thaliaceen gibt es drei Hauptfamilien, jede für sich ist von besonderem Interesse. Man findet sie selten in küstennahen Flachmeeren, wie der Irischen See oder der südlichen Nordsee. Die Salpen sind zylindrische oder spindelförmige Tönnchen von etwa 1 bis 6 cm Länge, die man bei oberflächlicher Betrachtung leicht für Medusen halten könnte. Sie besitzen aber Muskelbündel und einen dunkelgrünen, runden Magen. Neben den vielen tropischen und subtropischen Salpenarten gibt es nur eine kosmopolitische Art, *Salpa fusiformis* (Abb. 29), die man auch in den kühleren Gewässern des Nordatlantik, ja sogar bis Norwegen und Island finden kann.

Iasis zonaria hat eine sehr feste Gallerte, und kann daher, obschon Warmwasserform, bis nach Norwegen vordringen. Diese feste Gallerte wird von einem Amphipoden, *Phronima*, ausgenützt, der sich bis zur Salpe durchfrißt und das leergefressene Salpentönnchen als sein Haus benutzt. Salpen fressen ausschließ-

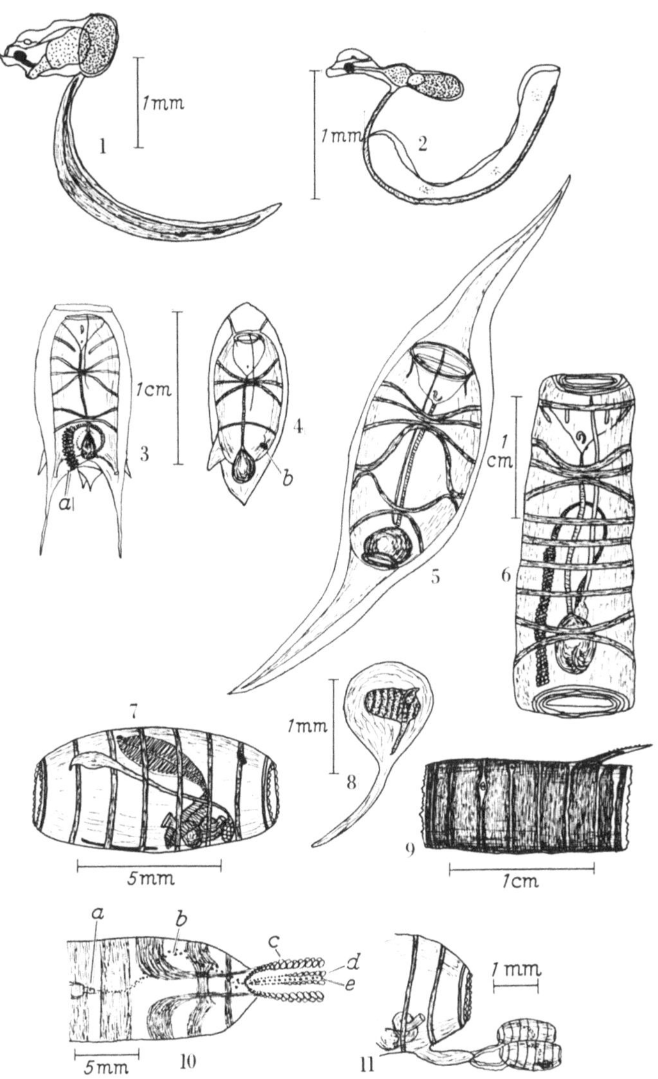

Abb. 29. Planktonische Tunikaten

1—2 *Appendicularien*; 3—6 *Salpen*; 7—11 die Lebensgeschichte der *Dolioliden*

1. *Oikopleura dioica*; 2. *Fritillaria borealis*; 3. *Thalia democratica*, Solitäres Stadium mit Knospenstrang (Stolon), aus dem sich eine Salpenkette entwickelt; 4. *Thalia democratica*, Koloniestadium mit einem einzelnen Embryo (b), der vielleicht zu einem frei lebenden Einzeltier wird; 5. *Salpa fusiformis*, Koloniestadium; 6. *Salpa fusiformis*, solitäres Stadium mit Stolon; 7. *Doliolella gegenbauri*, Geschlechtstier mit Gonaden. Aus den Eiern schlüpfen „Kaulquappen"; 8. Spätes „Kaulquappen-Stadium" mit Oozoid; 9. Spätes Oozoid- oder Ammenstadium; ihm fehlen fast alle inneren Organe, erhalten geblieben sind nur breite Muskelbänder, ein Gleichgewichtsorgan, ein Nervenzentrum und Reste des dorsalen Fortsatzes; 10. Rückenansicht eines Oozoiden, a) Knospen am Stolon, b) Knospen auf der Wanderung zum dorsalen Fortsatz, c) Doppelreihe von Nährtieren, die Nahrung für die Ko onie fangen, d) Reihen von Schwimmtieren, e) die jüngsten Knospen, die zu neuen Geschlechtstieren werden; 11. Späteres Stadium eines Schwimmtieres, das nun den dorsalen Fortsatz der Amme verlassen hat und als Träger von zwei jungen Geschlechtstieren dient, aus denen werden wieder die in 7. abgebildeten Formen

lich Phytoplankton, das sie während ihres rhythmischen Schwimmens aus dem vorbeifließenden Wasserstrom abfiltern. Sie haben einen interessanten Generationswechsel. Einzeltiere erzeugen Bänder von „Ablegern“ in einer langen Kette, die wieder neue Ketten bilden. Das Wachstum und Ablösen der Ketten dauert bei *Thalia* nur 10 Tage. Die Salpenkolonie bleibt in diesen lockeren Ketten beisammen, bis sie durch Wellen oder andere Störungen voneinander gelöst werden. Jedes Individuum in der Kette ist ein Geschlechtstier und nach der Befruchtung bilden sich ein oder mehrere Embryonen im Körperinneren. Beim Tode der Mutter werden die Embryonen frei und wachsen zu Einzeltieren heran, die der Anfang für eine große Salpenkolonie sein können, wenn die Umweltbedingungen günstig sind. Die Einzeltiere und die Kolonietiere unterscheiden sich so stark, daß sie ursprünglich verschiedene Namen erhielten, bis man erkannte, daß beides Formen derselben Art sind, und so hat man ihnen Doppelnamen gegeben. Diese Namensanhäufung wurde später aufgegeben, aber in einigen älteren Büchern kann man noch Namen finden wie: *Salpa runcinata-fusiformis* und *Salpa mucronata-democratica*. Letztere heißt heute *Thalia democratica* (Abb. 28) und ist wahrscheinlich die häufigste Salpe der Welt, aber nur gelegentlich findet sie passende Umweltbedingungen in unseren Breiten.

Die zweite Familie sind die Dolioliden, die gewöhnlich kleiner und zerbrechlicher als die Salpen sind und nur selten 2—3 cm groß werden. Sie sind tonnenförmig und ihre Muskelbänder umschließen den Körper wie Faßreifen; sie sind ebenfalls Phytoplanktonfresser. Ihre Lebensgeschichte ist komplizierter als die der Salpen (Abb. 28). Das Geschlechtstier der Dolioliden hat 8 Muskelbänder. Die befruchteten Eier wachsen nicht im Körper der Mutter heran wie bei den Salpen, sondern werden ins Wasser entlassen, wo sie zu den „Kaulquappen“ heranwachsen, aus denen Oozoide mit 9 Muskelbändern werden. Diese vermehren sich ungeschlechtlich durch Knospung. Drei Arten von Knospen lassen sich unterscheiden, die Trophozoide, die spezialisiert sind, Nahrung zu fangen und am Oozoid haften bleiben; die Phorozoide sind freibeweglich, aber geschlechtslos, die Gonozoide, aus denen die Geschlechtstiere entstehen, werden in ihrem frühesten Stadium von den Phorozoiden getragen. Der Rest des

Oozoids bleibt oft als Amme bestehen, hat aber außer seiner Muskelstruktur nichts behalten und ist unfähig zu fressen. Nur eine Art, *Dolioletta gegenbauri (= D. tritonis)* lebt im nördlichen Nordost-Atlantik.

Die dritte Familie sind die Pyrosomidae, Feuerwalzen. Hunderte von sehr kleinen Individuen haften aneinander und bilden fingerhutförmige Kolonien, die gelegentlich bis zu 1/2 m groß werden. Es sind ausschließlich Warmwasserformen, nur selten gelangen sie in unsere Breiten. Wie ihr Name sagt, sind die Feuerwalzen stark phosphoreszierend und sehen wie ein altmodischer, glühender Gasstrumpf aus.

Kapitel 6

Planktonische Larven von Wirbellosen

Die Erzeugung von Sporen, Eiern und Larven in großer Anzahl mit der Aussicht, daß wenigstens einige günstige Lebensbedingungen antreffen mögen, ist eines der wichtigsten Mittel zur Erhaltung der Arten. Welch besseres Verbreitungsmittel können wir uns denken als die Meeresströmungen. Das Larvenleben darf dort lange dauern, da die Umwelt einen guten Nahrungsvorrat bietet. So kann man wohl bei vielen marinen Organismen planktonische Stadien erwarten und tatsächlich finden wir sie weitverbreitet, von den Sporen der festsitzenden Algen bis zu den Eiern und Larven der Fische.

Die Sporen der meisten Algen werden ins Meer entlassen und bilden einen Teil des Nanoplanktons. Sie sind natürlich in küstennahem Wasser häufiger als in küstenfernem. Sie unterscheiden sich nur durch ihre Lebensgeschichte von planktonischen Flagellaten; die Algensporen setzen sich fest und wachsen zu Algen heran.

Vertreter aus fast allen Klassen der Evertebraten leben festsitzend oder freibeweglich am Meeresboden. Alle ihre planktonischen Larven zu beschreiben, geht weit über den Rahmen dieses Buches hinaus und auch über den eines Meeresbiologen. Mitunter finden wir Larven im Plankton, die wir nicht mit Sicherheit einem erwachsenen Tier zuordnen können. Manchmal können wir aus der Laichzeit und dem Fundort, durch Vergleiche mit anderen Larven oder durch Aufzucht im Aquarium auf die Zugehörigkeit der Larven schließen. Tausenden von Arten konnten so ihre Larven zugeordnet werden, aber viele andere müssen noch entdeckt werden.

Ein Blick auf Abb. 31a und 31b vermittelt einen Eindruck von den Typen und der Vielfalt der Larvenformen, die zu den verschiedensten Tiergruppen gehören. Die meisten auf Felsen festsitzenden Seeanemonen haben nur ein kurzes planktonisches Stadium, die *Planula*, die sich sehr bald festsetzt. Die Familie der Cerianthiden jedoch lebt in der offenen See, in schlammigem Sand. Ihre Larven haben ein längeres planktonisches Stadium, die Arachnactis-Larve.

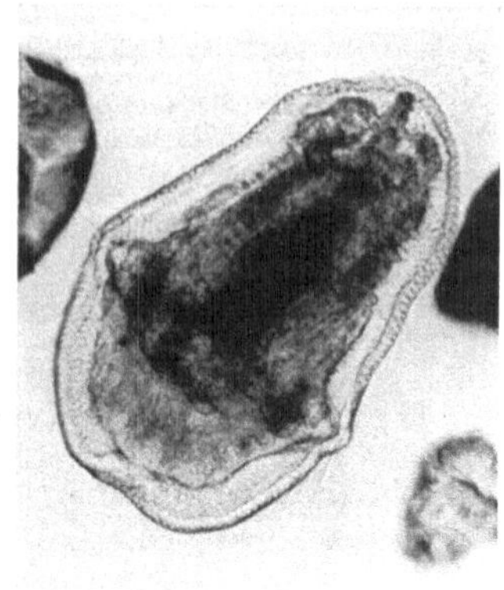

Abb. 30. Trochophora, Larvenstadium vieler Würmer (phot. Gillbricht)

Bei der so verschiedenartig zusammengesetzten Gruppe der Würmer hat jeder Tierstamm eigene Larvenformen und bei vielen Arten ist die Larvenform noch unbekannt. Die Nemertinen, Rundwürmer, haben eine *Pilidium*-Larve (Abb. 31a), die Nematoden, Fadenwürmer, haben gar kein planktonisches Larvenstadium. Die Larven der Polychaeten (Borstenwürmer) heißen *Trochophora*, sie segmentieren sich nach einer gewissen Zeit (Abb. 30, 31b). Diese Larven scheinen die Fähigkeit zu haben, ihr planktonisches Stadium beträchtlich zu verlängern, wenn z. B. die Bodenstruktur für die Metamorphose ungeeignet ist. Neuere Arbeiten haben gezeigt, wie wählerisch diese Tiere sind. Larven von *Ophelia bicornis* setzen sich z. B. nur in sauberem, lockerem Sand bestimmter Korngröße und Konsistenz fest. Sind die Körner zu klein, können sie sich nicht in die Zwischenräume hineinschieben, ist der Sand nicht sauber genug, werden die Zwischenräume durch kleine Teilchen ausgefüllt. Der Sand muß grob abgerundet sein und darf keine Kanten haben, überdies muß genügend Nahrung zur Verfügung stehen. Lockerer Sand in einem kräftigen Tidenstrom ist ideal für diese Larven.

Andere Würmer mit charakteristischen Larven sind *Phoronis*-Arten mit ihren *Actinotrocha*-Larven und die Moostierchen (Bryozoen) mit ihren *Cyphonautes*-Larven (Abb. 31 a), die einen Großteil des Planktons im Frühjahr ausmachen, bevor sie sich am Boden festsetzen und Algen und Felsen überziehen.

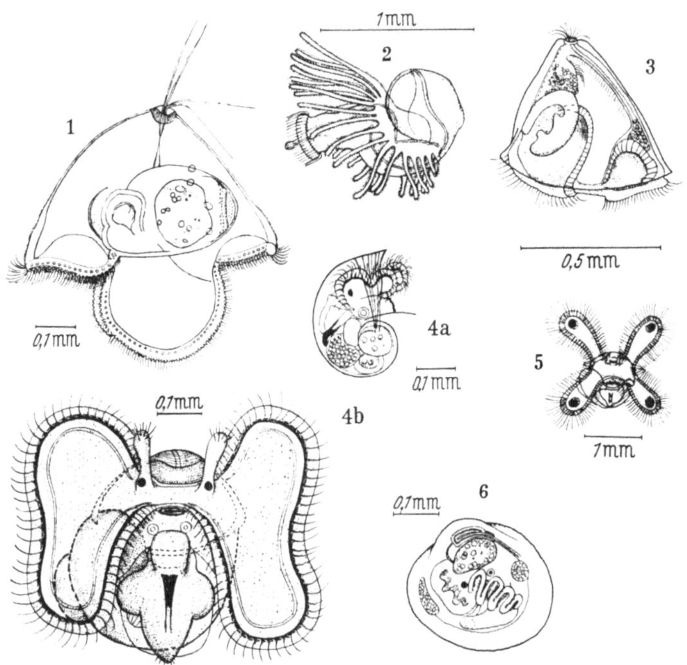

Abb. 31a. Planktonische Larven verschiedener Wirbelloser; 1—5 nach THORSON, 6 nach JÖRGENSEN

1. Pilidium-Larve eines Nemertinen; 2. Actinotrocha-Larve von *Phoronis*; 3. Cyphonautes-Larve von *Membranipora* (Moostierchen); 4.—5. Gastropoden (Schnecken): 4. *Nassarius reticulata* a) Larve nach dem Schlüpfen, b) ältere Larve in Schalenbildung; 5. *Nassarius incrassata*, ältere Larve; 6. *Mytilus edulis*, Miesmuschel

Nicht alle Mollusken haben planktonische Larven und sogar nahe Verwandte können sich hierin unterscheiden. Das früheste planktonische Stadium der Schnecken heißt, wie bei den Borstenwürmern, *Trochophora*. Aber an die Stelle der Segmentierung tritt hier eine seltsame Verdrehung (*Veliger*-Stadium, Abb. 31 a). Danach entwickelt sich die meist gewundene Schale. In einigen Fällen

1
1 mm
3
0,5 mm
4
0,1 mm
2
0,1 mm
5
0,5 mm
6
0,5 mm
7
0,1 mm
9a
9b
0,5 mm
8
1 mm
10
0,5 mm

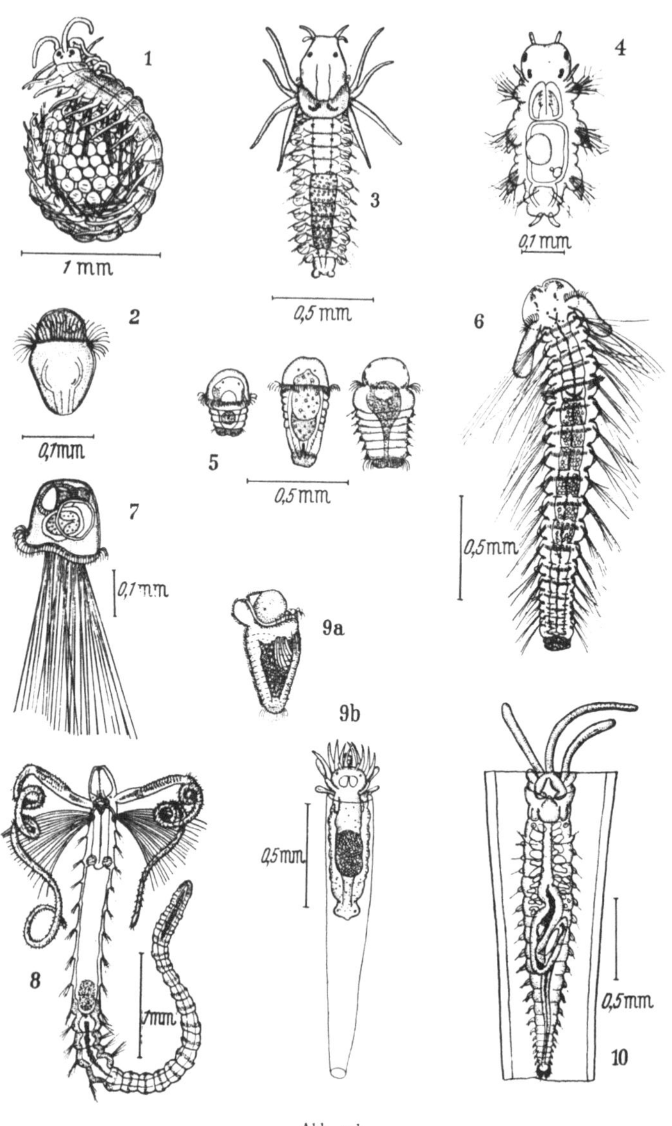

Abb. 31 b

bleibt die *Trochophora* innerhalb der Eikapsel und nur das *Veliger*-Stadium ist planktonisch. Bei anderen Schnecken (Wellhorn) bleiben beide, *Trochophora* und *Veliger* im Ei und es schlüpfen winzige, beschalte fertige Tiere aus.

Die Muscheln haben ebenfalls ein *Trochophora*- und *Veliger*-Stadium. Nach der Metamorphose sinken die kleinen mit Schalen versehenen Muscheln zu Boden, oft in ungeheuren Mengen. Das Absinken ist so langsam, daß sie häufig in Planktonproben zu finden sind.

Die meisten der niederen marinen Crustaceen sind während ihres ganzen Lebens planktonisch. In diesem Kapitel müssen wir aber die Larven der festsitzenden Seepocken, der am Boden lebenden Garnelen, Krabben, Taschenkrebse und Hummer besprechen.

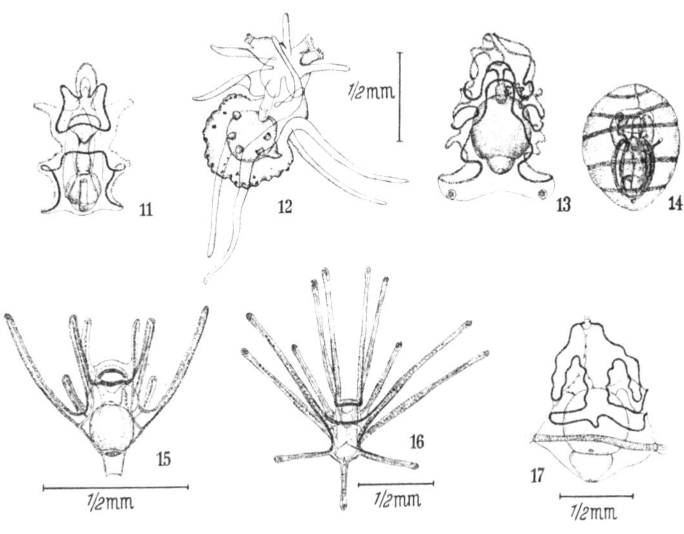

Abb. 31b. Weitere Larven von Wirbellosen (Polychaeten und Echinodermen). 1—10 nach THORSON 1. *Autolytus prolifer*, mit Eiern; 2. *Phyllodoce groenlandica*, ältere Trochophora; 3. *Phyllodoce maculata*, ältere Larve; 4. *Nereis pelagica*; 5. *Nepthys ciliata* a) junge Trochophora, b) und c) Metatrochophora; 6. *Polydora coeca*, ältere Larve; 7. *Myriochele danielsseni*, junge Larve; 8. *Magelona papillicornis*, ältere Larve; 9. *Pectinaria auricoma* a) junge Larve, b) ältere Larve in einer Gelatine-Röhre; 10. *Lanice conchilega*, ältere Larve in einer Gelatine-Röhre; 11. Bipinnaria-Larve von *Asterias glacialis* (Seestern); 12. Brachiolaria-Larve von *Asterias rubens*; 13. Auricularia-Larve von *Synapta digitata* (Seegurke); 14. Doliolaria-Larve von *Synapta*; 15. Pluteus-Larve von *Ophiura texturata* (Schlangenstern); 16. Pluteus-Larve von *Echinocardium cordatum* (Seeigel); 17. Tornaria-Larve von *Balanoglossus*

Die festsitzenden Seepocken sind dem Augenschein nach nicht verwandt mit den Krebsen, aber jeder Zweifel an ihrer Verwandtschaft wird beseitigt, wenn man ihre planktonischen Larven betrachtet. Es sind typische Nauplien, sehr ähnlich den frühen Copepodenlarven (Abb. 26). Sie schwimmen frei im Plankton, häuten sich und bilden mehr und mehr Körperanhänge aus. Nach der letzten Häutung im *Cypris*-Stadium bildet sich eine einfache Doppelschale, die an die Schale der Ostracoden erinnert. Die *Cypris*-Larve sinkt langsam aus dem Plankton heraus und wenn sie an einer geeigneten Stelle zu Boden kommt, setzt sie sich fest und metamorphosiert zu der typischen Seepocke. Das Problem der „Landung an günstiger Stelle" könnte ein eigenes, sehr interessantes Kapitel füllen.

Euphausiden haben ebenfalls *Nauplius*-Larven (Abb. 26, 27), die sich durch eine lange Reihe von Häutungen verändern. Sie werden nach der Herausbildung ihrer verschiedenen Körperanhänge benannt. Alle Stadien, die erwachsenen Tiere eingeschlossen, sind planktonisch.

Die Weibchen der bodenlebenden Dekapoden tragen gewöhnlich ihre Eier unter dem Abdomen oder unter dem Brustpanzer zwischen ihren Beinen. Das erste Entwicklungsstadium, ein *Nauplius*, bleibt innerhalb der Eischale. Nur bei einigen Garnelen (Penaeidea) gibt es auch schwimmende Nauplien. Sonst schlüpfen die Larven auf einem späteren Stadium als *Zoëa*-Larve aus (Abb. 26). Dann folgt eine mitunter sehr lange Serie von Häutungen, jede etwas weiter vorgeschritten als die vorhergehende bis zum Erwachsenenstadium. Bei den Taschenkrebsen verändert sich die *Zoëa*-Larve zu einer *Megalopa*; in anderen Fällen ist die Entwicklung viel gleitender, wie z. B. bei den Krabben. Manche Dekapodenlarven wirken sehr exotisch in ihrem Aussehen, wie die stachelige Larve der Tiefseegarnele *Sergestes* (Abb. 28) und die zarte *Phyllosoma* der großen französischen Languste. Diese komische, durchsichtige Larve lebt für etwa 6 Monate im Plankton und kann 1000 Meilen weit verdriftet werden, bevor sie zu Boden sinkt und zu einer kleinen Languste wird. Auf diese Fähigkeit ist die französische Langusten-Fischerei im tiefen Wasser westlich der Hebriden zurückzuführen. Kleinere Langusten-Bestände finden sich bei den Shetlands und in norwegischen Gewässern zwischen 60° und 62°N. Eiertragende Weibchen sind niemals nördlich von 57°N und westlich von Schottland gefunden worden und nur wenige nördlich von 54°N. Die *Phyllosoma*-Larven hingegen kommen häufig vor der Nordwestküste Schottlands und sogar bis zu den Färöer vor.

Stachelhäuter, wie Seesterne, Seeigel und Seegurken, haben planktonische Larven, einige von ihnen sind von exotischem Aussehen (Abb. 31 b). Die Larve des gewöhnlichen Seesterns heißt *Bipinnaria*, und ist nicht unähnlich der *Auricularia*-Larve der Seegurken. Sie geht allmählich in die *Brachiolaria*-Larve über, die sich dann in einen winzigen Seestern verwandelt. Die Larven der Schlangensterne und der Seeigel sind einander ähnlich und werden als *Pluteus*-Larven bezeichnet. Auch sie haben eine allmähliche Metamorphose. Befruchtete Seeigeleier sind auf besonders einfache Weise durch Vermischen von Eiern und Sperma in Seewasser zu gewinnen. Sie werden daher viel zu physiologischen Experimenten verwendet.

Am Schluß dieses Kapitels sollen die Larven der Chordaten, soweit sie am Boden leben und es sich nicht um Fische handelt, erwähnt werden. Es sind die wurmartigen Hemichordaten, wie *Balanoglossus* (Abb. 31 b), der eine *Tornaria*-Larve hat und die festsitzenden Tunicaten, d. h. die Ascidien (Seescheiden, mit ihrem „Kaulquappen"-Stadium). Die „Kaulquappen" der Seescheiden (und der Dolioliden siehe S. 64) erinnern deutlich an die Kaulquappen der Frösche. Sie zeigen viel klarer als die Erwachsenen ihre primitiven Chordaten-Merkmale mit Kiemenspalten, Endostyl und Chorda. Man findet sie nur selten im Plankton, denn ihr Larvenleben dauert nur etwa 6—24 Stunden; man kann sie im Hoch- oder Spätsommer nahe der Felsküste fangen.

Kapitel 7

Fischlarven und planktonische Tiefseefische

Heringe legen ihre Eier fest zusammengeklebt als dicken Teppich auf dem Meeresboden ab. Rochen und einige Haie erzeugen hornige Eikapseln, einige Küstenfische bauen Nester oder legen ihre Eier in Gelatine-Haufen ab. Die Eier der meisten Meeresfische sind aber planktonisch. Die Befruchtung erfolgt frei im Seewasser und gewöhnlich sind gut 90% der Eier befruchtet, denn mit mehr Sorgfalt, als meist angenommen wird, entläßt das Männchen die „Milch“ ins Wasser, in unmittelbarer Nähe der Eier, sobald diese abgelaicht werden. Als Teil des Planktons steigen die Eier zu den oberen Wasserschichten auf und werden durch die Strömungen verfrachtet. Die Eier sind meist kugelförmig, einige, wie die der Sardelle, sind oval. Einige sind in charakteristischer Weise skulpturiert, so die Eier des Laternenfisches *Myctophum* und des Leierfisches. Die meisten Eier sind durchsichtig und werden erst nach dem Absterben, bzw. nach der Konservierung weiß wie das gekochte Hühnerei. Das Ei ist mit klarem Dotter angefüllt, der den Nahrungsvorrat des sich entwickelnden, jungen Fisches bis nach dem Schlüpfen bildet. Dieser Dotter kann homogen aussehen oder segmentiert sein. Manche Eier enthalten *eine* Ölkugel oder es sind viele kleine Ölkugeln im Dotter verteilt, wie bei der Seezunge. Jede Fischart hat ihre bestimmte Eigröße mit einer ziemlich engen Schwankungsbreite. Die Eigrößen überlappen sich aber beträchtlich und so ist es nicht immer möglich, frisch abgelaichte Fischeier mit Sicherheit zu bestimmen, wenn nicht die Segmentierung des Dotters oder Anzahl und Größe der Ölkugeln, ovale Form und Skulpturierung der Schale weitere Hinweise liefern. Hat der Embryo im Innern des Eies charakteristische Pigmentmuster entwickelt, wird die Bestimmung viel leichter und zuverlässiger. Die Entwicklungsgeschwindigkeit ist stark abhängig von der Temperatur, so daß man ziemlich zuverlässig vom Stadium der Entwicklung auf das Alter des Eies schließen kann, wenn die Temperatur bekannt ist. Das Eistadium bei Schollen dauert etwa 120 Tagesgrade, d. h. 24 Tage bei 5 °C oder 20 Tage bei 6 °C oder 12 Tage bei 10 °C oder 10 Tage bei 12 °C. Je kleiner die Eier, um so schneller entwickeln sie sich und kommen zum Schlüpfen.

Viele Larven schlüpfen, bevor das Maul ausreichend entwickelt ist, so daß sie sich in den ersten Tagen von dem Dotter ernähren, den sie unter ihrem Körper im Dottersack mit sich herumtragen (Abb. 32). Bald beginnt der junge Fisch zu fressen, zuerst Phytoplankton und feines Zooplankton, die frühesten Nauplii kleiner Copepoden. Im Verlaufe des Wachstums werden immer größere planktonische Tiere, vor allem Evertebratenlarven und Copepo-

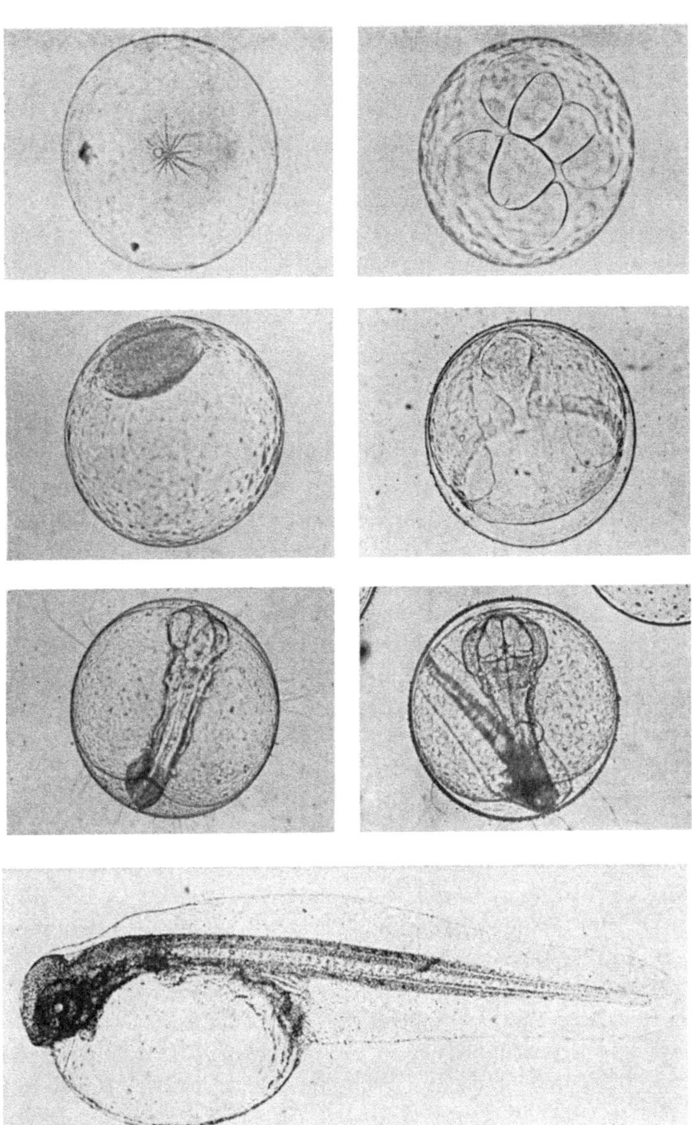

Abb. 32. Eientwicklung und frisch geschlüpfte Larve des Pollack *(Pollachius pollachius)* (phot. A. Holtmann)

den genommen. Die Larven sind oft ziemlich wählerisch. Junge Schollen und Rotzungen mögen Oikopleuren sehr gern, nicht so die Kabeljau- und Schellfischlarven, obschon von erwachsenen Schellfischen bekannt ist, daß sie *Oikopleura* in großen Mengen verzehren.

Für die Dauer einiger Wochen, oft sogar für Monate, sind die Fischlarven Teil des Planktons, sie ernähren sich vom Plankton und werden z. T. von planktonischen Räubern gefressen und von den Wasserbewegungen verdriftet. Offensichtlich finden auf diesem Stadium große Verluste statt. Um diese Verluste auszugleichen, muß die Anzahl der Eier, die jedes Weibchen pro Laichvorgang legt, oft sehr groß sein. Die Eizahl hängt davon ab, mit wieviel Sorgfalt die Eier versorgt werden und von dem Verhältnis Eigröße zu Fischgröße. Küstenfische mit Nestern, in denen die Eier gut versorgt werden, haben verhältnismäßig wenig Eier; ein Hering, der seine Eier unversorgt auf dem Meeresboden ablegt, hat etwa 50000 Eier. Bei Fischen mit planktonischen Eiern ist die Eizahl größer: Schollen erzeugen etwa 1/4 Million großer Eier (1,8 mm im Durchmesser), Schellfische etwa 1/2 Million Eier von ungefähr 1,4 mm Durchmesser; der größere Kabeljau legt etwas über eine Million Eier von derselben Größe; der Leng mit seinen kleinen, 1 mm großen Eiern erzeugt über 2 Millionen Eier. Es werden oft noch größere Zahlen genannt. Die Eier derselben Fischart sind meist kleiner bei Erstlaichern und nehmen an Größe zu, wenn der Fisch älter und größer wird. Die Eigröße beeinflußt die Überlebensrate, da größere Eier mehr Dotter haben und dem jungen Fisch einen besseren Start ermöglichen.

Da eine Menge Fische im Meer leben, ist die Eiproduktion sehr groß. Selbst in dem verhältnismäßig kleinen Gebiet des Küstenwassers rund um die Färöer Inseln, beträgt die jährliche Eiproduktion nur der Schellfische etwa 6000000000000 Stück. Die Zahl der Scholleneier in der südlichen Nordsee hat etwa denselben Umfang. 1950 wurden die Pilchardeier im Kanal auf 400000000000000 Stück geschätzt. Um solche Schätzungen zu erhalten, werden in einem bestimmten Gebiet serienweise Proben mit dem Hensen-Netz (Vertikalhols vom Boden zur Oberfläche) genommen. Die Eier eines jeden Hols werden ausgezählt und die

Anzahl in eine Karte eingetragen. Wenn die Oberfläche des Gebietes und die Anzahl der Eier in den Hols bekannt sind, kann nach Interpolation die Gesamtsumme errechnet werden.

Planktonische Fischlarven haben im allgemeinen wenig Ähnlichkeit mit den erwachsenen Tieren, sie sind in charakteri-

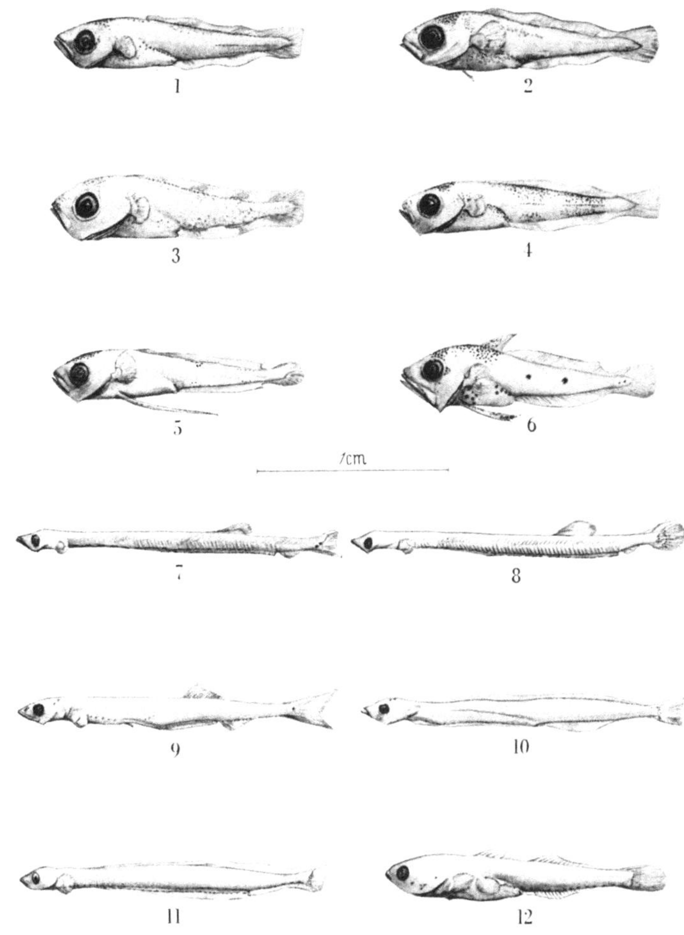

Abb. 33. Planktonische Stadien von Fischen
1. Kabeljau, 2. Schellfisch, 3. Wittling, 4. Köhler, 5. Leng, 6. Seehecht, 7. Hering, 8. Sprott, 9. Sardelle, 10. Sandaal, 11. Lodde, 12. *Gobius* (alle im gleichen Maßstab)

stischer Weise durch Pigmentmuster gekennzeichnet, was ihre Bestimmung sehr erleichtert (Abb. 33, 34); trotzdem konnten viele Larven der Tropen und der Tiefsee noch nicht bestimmt werden. Außer den Pigmentmustern sind es die Form des Darmes, die Lage des Afters, die Art der Flossenanordnung, die Anzahl der Muskelsegmente und die Entwicklung der Wirbel, die uns helfen, die Larven zu trennen. Die Zahl der Muskelsegmente und Wirbel wird innerhalb gewisser Grenzen durch die Temperatur während eines kritischen Stadiums beeinflußt. Erbrütet man Meerforelleneier desselben Elternpaares bei verschiedener Temperatur, so erhält man Unterschiede bis zu 3 Wirbeln; 60 Wirbel bei den kalt und 57 Wirbel bei den warm erbrüteten Eiern. Versuche mit Heringen zeigten ganz ähnliche Ergebnisse.

Plattfische beginnen ihr Leben bilateral symmetrisch wie Rundfische, aber bald beginnt ein Auge über den Kopf zu wandern und der Fisch schwimmt von nun an auf der Seite. Fast alle Plattfische haben beide Augen auf der rechten Seite, nur Steinbutt, Glattbutt, Scheefsnut und Zwergbutt sind „Linksseiter". Hin und wieder wird eine linksseitige Scholle oder Flunder oder ein rechtsseitiger Steinbutt gefunden.

Besondere Beachtung verdient der Flußaal, von dem es mehrere Arten gibt. Die europäischen und amerikanischen Aale haben ihre Laichgründe im Atlantik. Sie sind einander sehr ähnlich, ihr Hauptunterschied liegt in der Wirbelzahl, 103—111 Wirbel beim amerikanischen und 110—119 beim europäischen Aal. Obschon die europäischen Aale von der Ostsee und Island bis zum Mittelmeer verbreitet sind, zeigen sie keine rassischen Unterschiede, wie es bei vielen Fischen und anderen Tieren der Fall ist, die ein so weites Verbreitungsgebiet haben. Die Aufklärung der Lebensgeschichte der Aale verdanken wir hauptsächlich dem dänischen Ozeanographen JOHANNES SCHMIDT. Die Aale laichen in tiefem Wasser (500 m oder tiefer) in einem ziemlich eng begrenzten Gebiet der Sargasso-See. Die Eier und jungen Larven, anfangs etwa 1/2 cm groß, steigen allmählich zur Oberfläche auf. Die im östlichen Teil des Laichgebietes geschlüpften europäischen Aale werden vom Golfstrom über den Atlantik verfrachtet. Die im westlichen oder südwestlichen Gebiet geschlüpften amerikanischen Aale befinden sich in einem anderen Teil des Stromgebietes und werden der amerikanischen Küste zugetrieben. Die ozeanischen Larven sind vollkommen transparent und wie ein Weidenblatt abgeflacht, ihr Name ist *Leptocephalus* (Abb. 34), sie werden etwa 8 cm groß und mit dem Größerwerden kommen sie näher zur Wasseroberfläche. Haben die Larven das Küstenwasser erreicht, so nehmen sie allmählich an Größe ab, und aus dem ab-

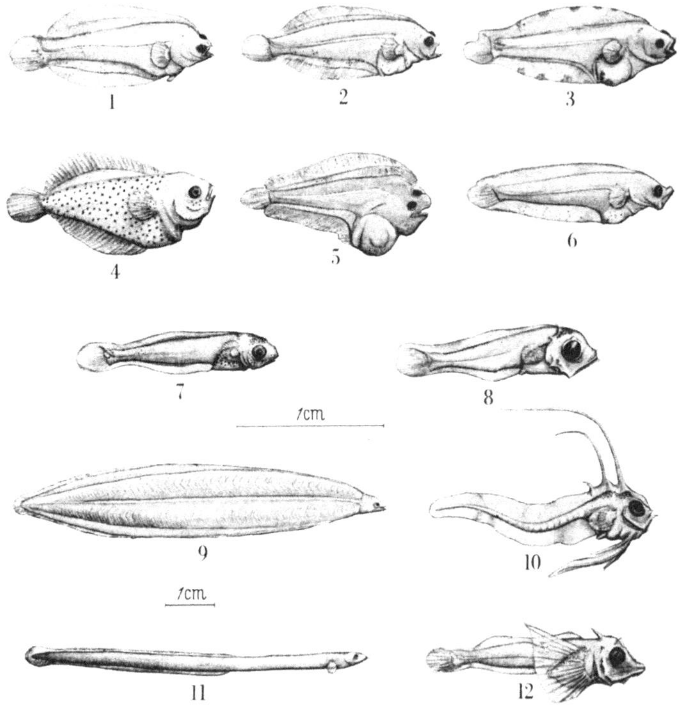

Abb. 34. Weitere Fischlarven
1. Scholle, 2. Kliesche, 3. Limande, 4. Steinbutt, 5. Seezunge, 6. Heilbutt, 7. Makrele, 8. Rotbarsch, 9. Weidenblattstadium (Leptocephalus) des Aals, 10. Seeteufel *(Lophius)*, 11. Glasaalstadium des Flußaals, 12. Knurrhahn

geflachten Weidenblatt wird nun die abgerundete Form. Diese Glasaale schwimmen mit der Flut, gehen aber bei Ebbe zu Boden. Nach Erreichen der Flußmündungen schwimmen sie flußauf gegen den Strom. Bisher wurde der abnehmende Salzgehalt für das Auffinden des Süßwassers verantwortlich gemacht, neuerdings konnte aber gezeigt werden, daß der „Geruch“ des Süßwassers ausschlaggebend ist. Wenn dieser an organische Substanzen gebundene „Geruch“ durch Holzkohle weggefiltert wird, zeigen die jungen Aale keine Reaktionen mehr. In der Nähe der Flüsse werden die Glasaale mehr und mehr pigmentiert und man nennt sie jetzt Steigaale, sie wandern flußauf und gelangen selbst über feuchtes Gras zu Tümpeln und Seen, wo sie bleiben, bis sie erwachsen sind. Mit dem Beginn der Geschlechtsreife wandern die Aale flußabwärts, werden silbrig und großäugig und gelangen in die offene See. Die Ovarien der Weibchen sind zu diesem Zeitpunkt zwar groß, aber noch nicht reif, die Männchen sind weit weniger entwickelt. Die Aale verschwinden in der See, um niemals wiederzukommen. Wir kennen dann erst wieder die von der Sargasso-See zurücktreibende neue Generation auf ihrem Wege über den Atlantik. Hieraus ergeben sich interessante Probleme und Hypothesen. Da überlappen sich z. B. die Laichgründe der europäischen und amerikanischen Aale, wie kommt es, daß die Larven so vollständig getrennt werden? Niemals scheint eine europäische Larve nach Amerika zu gehen oder eine amerikanische nach Europa! Man hat versucht, dieses Phänomen durch die Länge des *Leptocephalus*-Stadiums zu erklären, das beim amerikanischen Aal etwa 1 Jahr, beim europäischen 3 Jahre beträgt in Übereinstimmung mit dem längeren Wanderweg. Würde einmal ein amerikanischer *Leptocephalus* in Richtung Europa verdriftet, so wäre sein Larvenstadium zu kurz für diese Reise. Und sollte der europäische Typ nach Amerika getrieben werden, so würde er zu früh in seiner Entwicklung ankommen und nicht entsprechend auf das Flußwasser reagieren, er würde nicht die Flüsse hinaufwandern, sondern weiterhin im Ozean umhertreiben und verlorengehen.

Dr. Tucker, ein Engländer, hat im Jahre 1959 eine Hypothese für das Wanderverhalten der Aale entworfen. Er nimmt an, daß der adulte europäische Aal die 3500 Seemeilen entfernt liegenden Laichgründe gar nicht erreicht, weil mit dem Beginn der Geschlechtsreife der Darm sich aufzulösen beginnt. Man könne sich nicht vorstellen, daß die Tiere so riesige Entfernungen bewältigen, ohne zu fressen, und dann noch die Kraft zum Laichen hätten. Das Ablegen von 10 Millionen Eiern ist gewiß keine geringe Leistung. Ihr Instinkt treibt sie zwar zum Wanderverhalten, aber sie müssen — nach TUCKER — bald sterben. Nur die amerikanischen Aale, die einen sehr viel kürzeren Reiseweg haben, viel größer und in besserer Verfassung sind, erreichen die Laichgründe. — Für die im Osten der Sargasso-See abgelegten Eier wird angenommen, daß sie beim Aufsteigen niedrigeren Wassertemperaturen begegnen als die Eier der westlichen Sargasso-See und daher der europäische Aaltyp mit 110—119 Wirbeln entsteht; durch Ströme werden sie ostwärts über den Atlantik verfrachtet. Die im Westteil der Sargasso-See abgelegten Eier treffen beim Aufsteigen auf Wasserschichten mit plötzlichem Temperaturanstieg und werden zu amerikanischen Aalen mit 103—111 Wirbeln; sie werden zur amerikanischen Küste getrieben. Die Lebensdauer der *Leptocephalus*-Larve wird als abhängig von den Umweltbedingungen betrachtet und nicht als ein Faktor, der der Vererbung unterliegt. Die Stoffwechselintensität der Larven ist höher im wärmeren Wasser auf dem Wege nach Amerika und sie gehen ins Glasaalstadium über, sobald das Flußwasser als Stimulans spürbar wird. Jene Larven, die ostwärts nach Europa verfrachtet werden, entwickeln sich langsamer und verlängern so ihr *Leptocephalus*stadium; erst nach 3 Jahren haben sie die Küste erreicht. Wenn TUCKERS Hypothese richtig ist, dann stammen alle europäischen Aale vom amerikanischen Bestand ab.

Keine der Hypothesen ist bisher bewiesen. Ihre wichtigsten Streitpunkte liegen in der Wirbelzahl der Larve und in der Leistungsfähigkeit der abwandernden Aale. Die alte dänische Hypothese entstand vor den Versuchen über die Umweltabhängigkeit der Wirbelzahl bei Fischen. TUCKER glaubt im Gegensatz zu vielen seiner Kritiker, daß die Umwelteinflüsse ausreichen, Unterschiede von 8 Wirbeln zwischen den europäischen und den amerikanischen Aalen hervorzubringen. Neuere Verfechter von SCHMIDTS Hypothese betonen, daß TUCKER die Degeneration des Darmes bei den abwandernden Aalen überschätzt hat und mindestens einige Aale die 3500 Seemeilen weite Wanderung ins Sargasso-Meer schaffen. Selbst wenn nur wenige Aale dort ankommen und ihre 10 Millionen Eier ablegen, würde das für die Nachwuchserzeugung ausreichen. Wenn TUCKER recht hätte, müßten viele tote Aale an unsere Küsten gespült werden.

Wir müssen abwarten, wo die richtige Antwort liegt. Als Beweise könnten wir gelten lassen, wenn ein europäischer Aal im Gebiet des Sargasso Meeres gefunden würde oder wenn umgekehrt der europäische wie der amerikanische Larventyp aus der Brut eines einzigen (amerikanischen) Aalpärchens durch unterschiedliche Aufwuchsbedingungen experimentell erzeugt werden könnten.

Wenn die *Leptocephali* die europäischen Küsten erreichen, sind sie 6—9 cm groß. Larven anderer Arten, z. B. die von *Nemichthys scolopacus* werden bis zu 25 cm lang, andere bis zu 50 cm. Ein *Leptocephalus*, bei Neuseeland gefunden, maß 89 cm. Aber der größte von allen wurde von JOHANNES SCHMIDTS Schiff, der „Dana", auf ihrer Weltreise von 1928—1930 gefangen, er war 184 cm lang. Wir wissen nicht, zu welcher Art diese riesige Aallarve gehört, und es können verschiedene aufregende Visionen heraufbeschworen werden. Wachsen die Larven in denselben Proportionen heran, wie man sie beim gewöhnlichen Aal findet, so müssen sie riesige „Seeschlangen"-Aale von über 20 m Länge werden. Oder metamorphosieren sie in eine erwachsene Form, die kaum größer als der *Leptocephalus* ist? Die erwachsenen *Nemichthys* sind nur drei bis fünf mal so lang wie ihre Larven. Könnten diese Larven verspätete *Leptocephali* sein, die keine geeigneten Bedingungen zur Metamorphose gefunden und doch überlebt haben? Würden sie jemals metamorphosieren oder könnten sie im Larvenstadium geschlechtsreif werden? So etwas ist den Zoologen von der Larve des mexikanischen Salamanders (*Axolotl*) bekannt. Wird sie am Verlassen des Wassers gehindert, behält sie ihre kaulquappenähnliche Larvenform bei und wird geschlechtsreif.

Die Meeraale wandern nicht in die Flüsse, sondern bleiben Meeresfische, sie laichen auch in tiefem Wasser, ohne jemals zurückzukehren, wenn auch ihre Laichgründe ausgebreiteter sind als die der Süßwasseraale. Auch sie haben eine *Leptocephalus*-Larve.

Dieses Kapitel soll mit einem kurzen Hinweis auf kleine Fische schließen, die noch als erwachsene Fische planktonisch sind — im Gegensatz etwa zum Hering, der zwar in den oberen Wasserschichten lebt, aber freischwimmend, d. h. pelagisch und nicht planktonisch. Die planktonischen Fische sind meistens kleine Tiefseefische, sicher können sie schwimmen und ihre Beute jagen, aber im allgemeinen bleiben sie in demselben Wasserkörper und lassen sich von dessen Bewegungen treiben. Sie leben zwischen den anderen Arten des ozeanischen Planktons und kommen oft des Nachts an die Oberfläche, während des Tages bleiben sie in den tieferen Wasserschichten. Einige von ihnen haben groteske Formen, manche sind gewaltige Räuber, die Fische gleicher Größe wie sie selber fressen können mit Hilfe dehnbarer Kiefer und eines mächtigen Magens. Sie sehen mitunter sehr gefährlich aus, sind aber meist nur einige Zentimeter groß. Häufig haben sie spezifische Muster von Leuchtorganen; sie leben und fressen in einer Welt immerwährender Dämmerung oder völliger Dunkelheit, in der es nur das Licht ihrer eigenen oder fremder Leuchtorgane gibt.

Wie anders ist der Mondfisch — dieser große, seltsam verkürzte, an der Oberfläche treibende Fisch. Mondfische können bis zu 3 m groß werden und etwa 1 t wiegen, sie leben im warmen oder temperierten Wasser. Befinden sie sich unter der Oberfläche, schwimmen sie in senkrechter Stellung, aber warum liegen sie oft an der Oberfläche auf der Seite? Eine mögliche Erklärung wäre, daß sie gerne in der Sonne baden, aber es scheint wahrscheinlicher, daß sie die auf der Oberfläche treibenden Kleinkrebse, wie *Themisto*, fressen und daß die Seitenlage die beste Möglichkeit bietet, ihr Maul in eine günstige Stellung zum Futter zu bringen. Vom Golfstrom werden sie in den Nordatlantik, in den Westen und Norden der Britischen Inseln und gelegentlich sogar in die Nordsee, Irische See, Ostsee und in die isländischen Gewässer verfrachtet. Sie erscheinen sehr faul und werden ganz sicher verdriftet, man könnte sie vielleicht sogar planktonisch nennen.

Kapitel 8

Geographische und jahreszeitliche Verbreitung

Temperatur und Meeresströmungen

Da das Plankton so sehr abhängig ist von den Bedingungen seiner Umwelt, kann man wohl eine erhebliche geographische und jahreszeitliche Variation erwarten. Der wichtigste physikalische Faktor ist die Temperatur. Temperaturdifferenzen im Wasser hängen in erster Linie vom herrschenden Klima ab, und es ist selbstverständlich, daß tropische Meere wärmer sind als polare. Gemeinsam mit den Winden, hauptsächlich den nahezu konstanten Passatwinden, ist die Temperatur eine der Ursachen für die Hauptstromsysteme, für die Verteilung des Planktons und für die geographische Lage der wichtigsten Fischereien der Welt.

Warmes Wasser ist leichter als kaltes, und wo die tropische Sonne das Wasser erwärmt, bleibt es an der Oberfläche und wird daher immer weiter aufgeheizt. In den kalten Gebieten sinkt das abgekühlte Wasser ab. Dadurch ergibt sich eine allgemeine Zirkulation. Das schwerere kalte Wasser breitet sich am Meeresboden in Richtung auf die Tropen aus. Als Ausgleich strömt warmes Wasser auf der nördlichen Hemisphäre nordwärts, auf der südlichen Hemisphäre südwärts und ersetzt das abgesunkene kalte Wasser.

Temperatur und Salzgehalt beeinflussen die Dichte des Seewassers. Wasser großer Dichte sinkt immer ab und wird durch den Zufluß weniger dichten Wassers ersetzt. Dabei ist es gleichgültig, ob die größere Dichte durch Kälte oder höheren Salzgehalt oder beides bedingt ist. Damit sind die Strömungssysteme komplexer als wenn die Temperatur die einzige Ursache wäre. Der Wind übt ebenfalls eine Wirkung aus. Er bläst Oberflächenwasser vor sich her, das durch aufsteigendes Wasser ersetzt werden muß. Dies gilt sowohl für kleine, lokale Areale als auch für das ganze ozeanische System, wo die Strömungen durch ein komplexes Zusammenwirken von Winden, durch temperaturbedingte Konvektionsströme und durch die Erdumdrehung selbst entstehen.

Im Verhältnis zur Größe der Ozeane sind diese Ströme sehr träge, obschon sie ungeheure Wassermengen transportieren. Der Golfstrom überquert den Atlantik, sich unterwegs ausbreitend und langsamer werdend. Zuerst, östlich von Florida, ist er schmal und so schnell, daß er für die Schiffahrt eine echte Behinderung darstellt. Wenn er aber Europa erreicht, ist der Strom kaum noch wahrnehmbar, aber 100 Meilen breit. Für die Überquerung braucht er drei Jahre, das erscheint sehr langsam, verglichen z. B. mit dem mächtigen Brausen des Niagara, der 7000 Kubikmeter

Wasser pro Sekunde bewältigt. Andererseits brauchte der Niagara 3 Jahre, um mit der Wassermenge fertig zu werden, die der Golfstrom an einem einzigen Tage transportiert. Nur ein Teil des Golfstroms erreicht Nordeuropa, ein anderer bewegt sich der portugiesischen und afrikanischen Küste zu. Der nördliche Ausläufer, die Nordatlantische Drift sendet einen Hauptarm nach

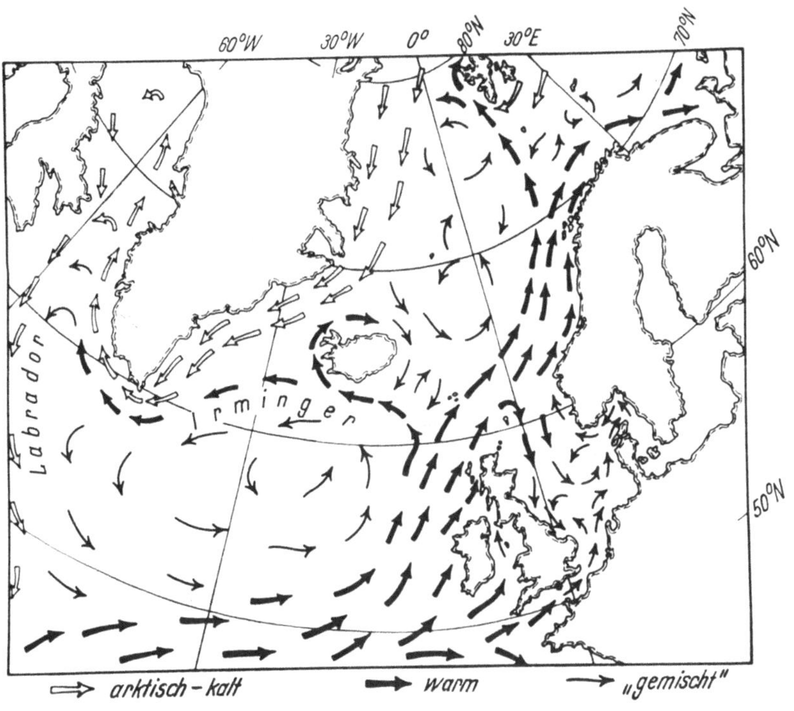

Abb. 35. Oberflächenströmungen im Nordatlantik nach A. J. Lee

Europa, von der Biskaya an nordwärts, westlich der Britischen Inseln, um den Norden Schottlands herum, weiter zwischen den Färöer und Shetland bis nach Spitzbergen (Abb. 35). Ein kleiner Arm zweigt sich ab und geht in die Nordsee. Ein anderer, der Irmingerstrom zieht weit westlich der Britischen Inseln nach Norden bis zur Süd- und Westküste Islands. Die Topographie des

Meeresbodens, besonders untermeerische Rücken, hat einen großen Einfluß auf den Stromverlauf. Am bedeutendsten sind für uns der Island-Färöer-Rücken und der Wyville-Thomson-Rücken von der Färöer Bank zu den Hebriden, die nur ungefähr 500 m tief liegen. Die Nordatlantische Drift kreuzt den Wyville-Thomson-Rücken. Vor dem Rücken reicht das warme atlantische Wasser bis 2000 m tief. Jenseits des Rückens ist es dann auf die obersten 500 m beschränkt und lagert auf kaltem, arktischem Wasser. Die Rücken zwischen Island und Grönland und zwischen den Färöern und Island sind Barrieren für das Einströmen polaren Bodenwassers in den Atlantik. Der Hauptausstrom kalten Wassers wird nach Westen zur Oberfläche gedrängt und erscheint als Ostgrönlandstrom. Er setzt sich, später vermischt mit westgrönländischem Wasser, als Labradorstrom fort und zieht dicht an Neufundland und an der atlantischen Küste der Vereinigten Staaten entlang. Durch die Wärme der Nordatlantischen Drift bleiben die nordeuropäischen Meere eisfrei, während entsprechende Gebiete der westlichen Seite des Atlantik vereisen. Das Gebiet der Bäreninsel weit nördlich des Polarkreises unterhält eine große Winterfischerei für Kabeljau und liegt auf demselben Breitengrad wie der Norden der Baffin-Insel. Und doch beträgt der Durchfluß durch den Färöer-Shetland-Kanal nur 1/15 des Golfstromes. Westisland ist dank des Irmingerstromes eisfrei, aber nur 200 Meilen westlich liegt das vereiste Grönland.

Wir müssen die Ströme hier erwähnen, da sie für die Verdriftung des Planktons verantwortlich sind, auch schaffen sie die Umweltbedingungen, die über Gedeih und Verderb der einzelnen Planktonarten entscheiden. Auch kleinere Ströme sind für die Planktonverteilung an den atlantischen Küsten Nordeuropas von Bedeutung, wie das Ausströmen von Wasser mit niedrigem Salzgehalt aus der Ostsee oder der Strom subarktischen Mischwassers östlich von Island und nördlich der Färöer, das sich nördlich und westlich des warmen Wassers zur Norwegischen See fortsetzt. In der südlichen Nordsee herrscht im allgemeinen eine Zirkulation entgegen dem Uhrzeigersinn.

Erstaunlicherweise wird das britische Seegebiet vom Ausstrom aus dem Mittelmeer beeinflußt, der sich aus einer Tiefe von 1000 m westlich Gibraltar in den Atlantik ausbreitet. Ausläufer finden sich in der Biskaya, im Englischen Kanal und der Keltischen See und westlich von Irland. Ist der Strom besonders kräftig, kann man ihn — zwar sehr verdünnt — noch am Rande des Kontinentalschelfs westlich von Schottland und sogar gelegentlich bis zur Nordsee und in der Umgebung von Süd-Island nachweisen. Die Rolle, die das Plankton bei der Bestimmung dieser Ströme spielt, wird in Kapitel 11 behandelt; hier soll nur hervorgehoben werden, daß die Ströme weitgehend verantwortlich sind für die geographische Verbreitung des Planktons.

Jahresgang der Planktonproduktion

Die Sonne erwärmt das tropische Oberflächenwasser und im Sommer auch die oberen Wasserschichten in der gemäßigten Zone. Dadurch wird eine Stabilität erzeugt mit wenig oder keiner Vermischung der warmen und kalten Schichten. Die Grenzlinie kann sehr scharf sein, man nennt sie Sprungschicht. Für das Phytoplankton bedeutet diese Stabilität geringe Ergänzung der Nährstoffe in dem belichteten Oberflächenwasser, wo die Pflanzen die Nährstoffe bis zur Neige ausnutzen. Geringes Pflanzenwachstum bedeutet Nahrungsmangel für das Zooplankton, also armes Plankton in warmem Wasser. In den Tropen herrschen diese Verhältnisse das ganze Jahr hindurch (Abb. 36), obwohl der Artenreichtum sehr groß ist. In temperiertem Wasser vermehrt sich das Phytoplankton im zeitigen Frühling stark, sobald genügend Wärme das Oberflächenwasser stabilisiert. Diese Stabilisation verhindert, daß die Pflanzen durch Konvektionsströme in dunkle Tiefenzonen transportiert werden. Der Beginn ihres Wachstums hängt ab von dem Verhältnis zwischen Lichteinfall und Turbulenz. Je seichter das Wasser, je früher setzt das Wachstum ein, weil das Licht hier bis zum Boden eindringen kann. Wir finden den Wachstumsbeginn im Februar oder März in Flußmündungen, im März oder April in der Nordsee und erst im Juni im offenen Ozean.

Das Frühjahrswachstum der Pflanzen im Schelfbereich setzt sich oft solange fort, bis die Nährstoffe aufgebraucht sind. Die Planktonalgen werden durch das pflanzenfressende Zooplankton dezimiert. Ein gewisser Nachschub an Nährstoffen ergibt sich aus den Stoffwechselprodukten pflanzenfressender Tiere und dem

Zerfall abgestorbener Pflanzen und Tiere, gerade ausreichend, eine reduzierte Sommerpopulation am Leben zu erhalten. Im Herbst, wenn das Licht noch ausreicht und die Sprungschicht durch die Abkühlung der Oberfläche und Windturbulenz weniger scharf ist, findet eine zweite Wachstumsphase statt, da das Oberflächenwasser Nährstoffe aus den tieferen Schichten erhält. Der

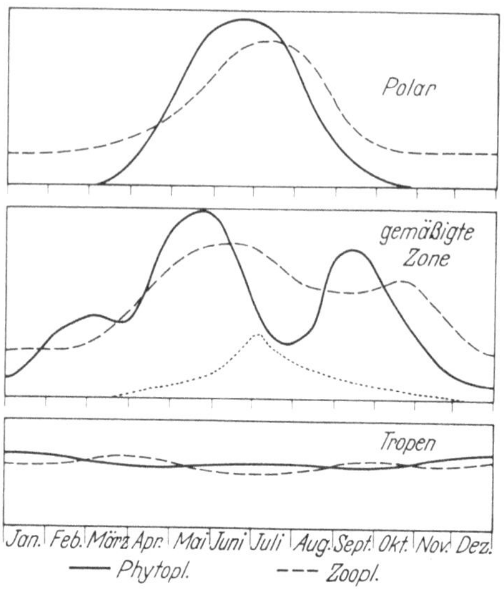

Abb. 36. Jahreszeitliche Schwankungen des Zoo- und Phytoplanktons in verschiedenen Klimazonen. Das Phytoplankton eilt jeweils dem Zooplankton voraus. Punktierte Linie Dinoflagellaten

Betrag an Nährstoffen hängt von wechselnden Faktoren ab. Z. B. wird eine zur rechten Zeit einsetzende kurze Turbulenz das Oberflächenwasser gut anreichern. Eine andauernde Herbstturbulenz hingegen bringt die Pflanzen in zu tiefe, unbelichtete Schichten, so daß sie die Nährstoffe nicht ausnutzen können. Das gilt natürlich auch im Winter, wenn das Wasser vollständig vermischt wird.

In den Polarmeeren ist die stabilisierende Wirkung einer Sprungschicht geringer. Wir haben hier eine 6monatige Periode mit Licht und Wachstum und 6 Monate Dunkelheit (und keinerlei Pflanzenwachstum). Trotz dieser 6 Monate dauernden Dunkelheit ist das Plankton der Polargewässer reicher als in den Tropen, da ein ständiger Nährstoffvorrat für die Pflanzen während der Dauerlicht-Monate vorhanden ist und weil die im kalten Wasser lebenden Planktonorganismen eine größere individuelle Lebensdauer haben. Das hängt mit ihrem langsameren Stoffwechsel zusammen, sie brauchen länger, die gleiche Nahrungsmenge zu verarbeiten.

Warum sind die tieferen Wasserschichten reich an Nährstoffen? Nur in der belichteten Zone findet der Verbrauch von gelösten Nährstoffen statt. Tiere fressen die Algen in der belichteten Zone und wandern auf und ab in tagesperiodischen Wanderungen, dabei bilden sie Nahrung für die Räuber, die wieder von anderen Räubern tiefer und tiefer im Wasser gefressen werden. Während ihres ganzen Lebens entlassen diese Tiere ihre Abfallprodukte ins Meer. Nach ihrem Tode sinken Pflanzen und Tiere allmählich ab, so daß im tieferen Wasser immer ein Wiederaufbau von Nährstoffen möglich ist. Jede Regeneration, die in der belichteten Zone stattfindet, wird gewöhnlich sofort an Ort und Stelle wieder umgesetzt.

Die Planktonverteilung hängt im großen vor allem von der Temperatur ab, sie kann aber örtlich vollkommen abweichen, wenn andere Faktoren mit im Spiel sind, besonders solche, die ein Aufdringen von Tiefenwasser in die produktive Lichtzone verursachen. Die ziemlich konstanten Passatwinde an der peruanischen Küste blasen das Oberflächenwasser vom Lande weg, so daß Tiefenwasser aufdringen muß. Hier haben wir also Licht, Wärme und Nährstoffe — ein Gebiet der reichsten Planktonproduktion der ganzen Welt. Billionen kleiner Pflanzen ernähren über das Zooplankton kleine pelagische Fische, Millionen von Vögeln „ernten“ schätzungsweise 2 ½ Millionen Tonnen dieser Fische pro Jahr, mehr als 5% der gesamten Weltfischerei; ihre Kotablagerungen an Land liefern die reichen Guanovorkommen. In jüngster Zeit hat die dort eingesetzte Anchovis-Fischerei — ausschließlich für Fischmehl — einen großen Aufschwung erfahren. 1956 wurden 12791 Tonnen Fischmehl exportiert, 1959 waren es schon 200000 Tonnen. Um dies zu erreichen, mußten eine Million Tonnen Anchovis durch 500 Ringwaden-Boote mit 5000 Mann Besatzung angelandet werden. (Anm. d. Übers.: Im Jahre 1963 erreichte die peruanische Anchovisfischerei 7 Millionen Tonnen!) Und wenn jetzt der Wind als Schicksalsstreich für eine kurze Zeit dreht, stoppt der Kreislauf und eine Katastrophe bricht für alle Betroffenen herein, bekannt als El Niño, bis sich die Verhältnisse wieder normalisiert haben. Eine ähnliche, wenn auch weniger auffällige Situation ist an der Westküste Süd-Afrikas

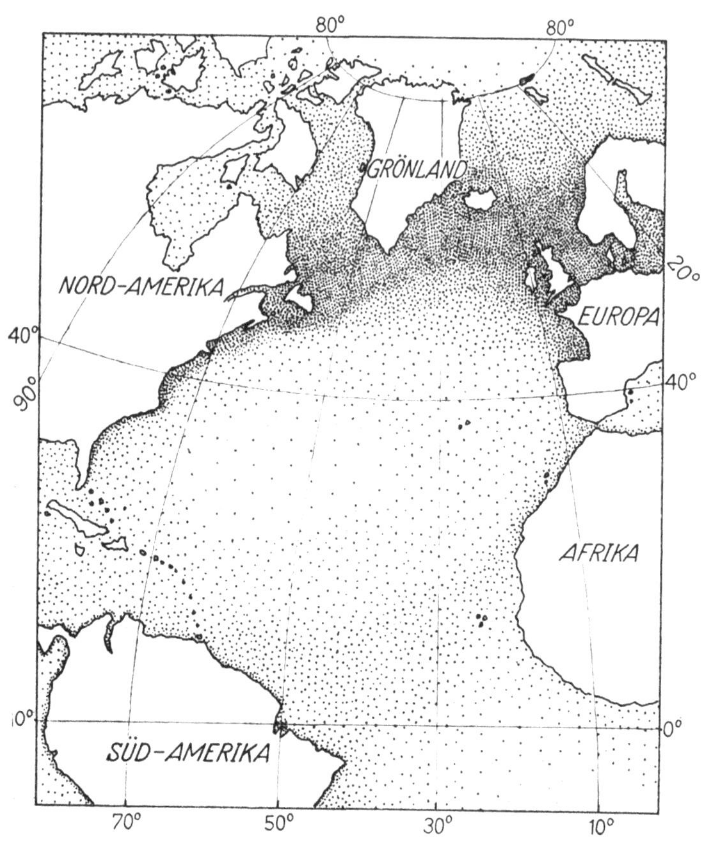

Abb. 37. Übersicht über die Verbreitung des Planktons im Nordatlantik nach RUSSELL und YONGE

zu finden. In unserer nördlichen Hemisphäre ist das Aufprallen der ozeanischen Ströme gegen den Kontinentalschelf eine wichtige Ursache für das Aufdringen von Tiefenwasser und das Zusammenbrechen der Sprungschicht in den kälteren Regionen. Abb. 37

stellt eine Verteilungskarte für das Plankton des Nordatlantik dar.

Das reiche Pflanzenwachstum im Schelfbereich, verglichen mit dem offenen Ozean führt zu merkbaren Farbunterschieden des Wassers, die man leicht vom Schiff aus wahrnehmen kann. Schelfwasser erscheint, besonders im Frühjahr, ausgesprochen grün, ozeanisches Wasser dagegen mit seinem Mangel an Oberflächenphytoplankton ist blau und kristallklar. Im klar-blauen Mittelmeer ist das Plankton arm infolge der Wärme und des Nährstoffmangels des Oberflächenwassers.

Eine der ersten Diatomeen, die ihre Blüte im zeitigen Frühjahr in Küstengewässern hat, ist *Skeletonema*, ihr folgt *Thalassiosira*, die etwas küstenferner „blüht“. Allein diese beiden Arten bilden gewöhnlich 90% des Frühjahrsplanktons in den Schelfgewässern des nördlichen gemäßigten Atlantik. Später findet man eine gemischtere Flora, die zu einem guten Teil abhängig ist von der Beimengung ozeanischen Wassers. Im Herbst herrschen gewöhnlich Arten der nadelförmigen *Rhizosolenia* vor, die, wenn sie zahlreich vorhanden sind, einen charakteristischen Geruch verbreiten, den die Fischer „Tabaksaft“ nennen; so verseuchtes Wasser wirkt nachteilig auf die Heringsfischerei (S. 108).

Das Einsetzen des Pflanzenwachstums im Frühjahr führt zu einer entsprechenden, wenn auch leicht verzögerten Vermehrung des Zooplanktons (Abb. 36). Ein Reichtum sowohl an echten Planktonorganismen als an planktonischen Larven von Bodentieren setzt ein. Die meisten Arten, die sich einmal im Jahr vermehren, tun das im Frühjahr, einige tun es im Sommer und wenige nützen die etwas fragliche „Blüte“ im Herbst aus. Wieder andere vermehren sich zu jeder Zeit oder nahezu fortgesetzt durch alle 6 Sommermonate hindurch. Nur wenige junge Plankter erscheinen im Winter, es sind entweder von Anfang an Räuber oder Detritusfresser; — mehr vom Nahrungscyclus im nächsten Kapitel.

Die Verteilung der planktonischen Stadien bodenlebender und festsitzender Arten steht in enger Beziehung zum Stromsystem und natürlich auch zum Vorkommen der erwachsenen Tiere. Das Frühjahrsplankton an einer felsigen Küste ist ein anderes als das an einer sandigen Küste. Flachwasserplankton ist anders als Plankton über tiefem Wasser. Eine Boje, im Frühjahr ausgesetzt, wird schnell von den Frühjahrslarven der Miesmuschel überzogen. Bringt man die Boje erst Ende Juni ins Wasser, so ist es für dies Jahr zu spät für den Muschelbefall.

Schiffsbewuchs

Die freischwimmenden planktonischen Larven im Meer sind verantwortlich für den Schiffsbewuchs, ein an Zeit und Geld teurer Schaden (Abb. 38a). Vermehrte Reibung bedeutet geringere Schiffsgeschwindigkeit und erhöhten Treibstoffbedarf, das Abkratzen im Trockendock kostet Zeit. Bewuchsfeindliche Farben müssen verwendet werden, das bedeutet eine doppelte Ausgabe, da solche Farben Korrosion am Schiffsrumpf hervorrufen, weshalb man zuerst eine normale Grundierung vornehmen muß. Bewuchsfeindliche Farben enthalten gewöhnlich Kupfer, wie das rote Kupferoxyd und deshalb haben die meisten Schiffe einen roten Anstrich unterhalb der Wasserlinie.

Die Größe des Schadens hängt von einer Anzahl von Faktoren ab, z.B. von Fahrtroute und Liegeplätzen des Schiffes selbst. Plötzliche Änderungen des Salzgehaltes beim Kreuzen zwischen Süß- und Seewasser tötet einige Arten. Andere sind resistent einem schnellen Wechsel gegenüber, können aber im Süßwasser nicht fressen und sterben ab, wenn das Schiff eine Zeitlang im Süßwasser bleibt. Schnelles Fahren in Flüssen mit starker Tide und Sandtransport hat die gleiche Wirkung wie ein Sandgebläse, wenn es genügend lange wirken kann. Seeschiffe, die ihre Liegeplätze in Flüssen haben, sind nicht so gefährdet wie solche, die lange Liegezeiten in Seehäfen haben. Schiffe, die monatelang in warmem Wasser fahren, bekommen eine andere Fauna als solche in höheren Breiten. Ausschlaggebend ist der Standort des Schiffes zu der Zeit, wenn die Larven der Befallorganismen sich in ihrem planktonischen Stadium befinden und wenn der Schiffsweg in Gebiete führt, die für die Larven, ihr Wachstum und Überleben geeignet sind.

Um diesen Punkt zu illustrieren, wollen wir zwei Schiffsrümpfe, die in Liverpool im Trockendock zum Abkratzen liegen, vergleichen. Beide Schiffe befanden sich die ganze Zeit im Gebiet um Liverpool; das eine war ein Schlepper, der im Bereich der Docks und in der Mersey-Mündung herumfuhr, das andere war

Abb. 38a. Bewuchs an einem Schiffsboden, vorwiegend Seescheiden, *Ciona intestinalis*

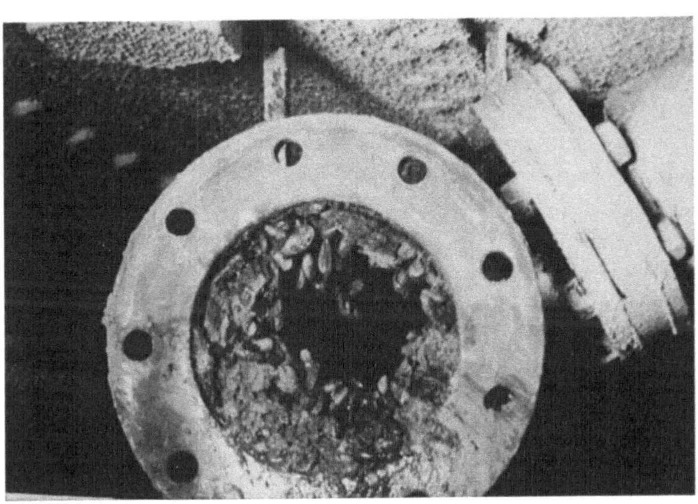

Abb. 38b. Hauptfeuerlöschleitung eines Schiffes verstopft durch Muschelbewuchs (mit Genehmigung des britischen Stationary Office; British Crown Copyright reserved)

ein Bagger, der innerhalb des ausgedehnten Hafens von Liverpool fuhr und nur selten in den Fluß kam. Der Rumpf des Baggers war reich bedeckt mit großen Seescheiden (Manteltiere) die kleine planktonische Organismen filtern; der Schlepper dagegen hatte gar keine Seescheiden. Im ruhigen Wasser der Docks ruhen Mudd und Schlamm am Grund, die Seescheiden können von der reichen Mikrofauna leben, die im Dockwasser die gleiche ist wie in See. In der Mersey-Mündung dagegen wird der Mudd aufgewühlt durch starke Gezeitenströme und verstopfte die Filtermechanismen der Seescheiden, die daher am Schlepper nicht gedeihen konnten.

Nicht nur Schiffsböden, Anleger und ähnliches werden durch Meeresorganismen befallen, sondern auch das Innere von Seewasserleitungen. Der gleichmäßige Wasserstrom in den Leitungen von Küstenanlagen sorgt für ständigen Nachschub an Sauerstoff und Nährstoffen. Muscheln, die als Larven in die Leitung gerieten, und anderer Bewuchs werden größer und größer und verkleinern den freien Durchmesser der Leitung bis zur Blockierung (Abb.38b). Mitunter bricht ein Muschelpaket ab und wird bis zum Quetschventil transportiert oder es verstopft die kleineren Nebenröhren. Werden die Muscheln durch Vergiften abgetötet, bleiben die Schalen zurück und der Schaden ist nicht behoben. Es bleibt nichts anderes übrig, als die Leitungen auseinanderzunehmen. Man kann den Befall der Leitungen nicht durch Abfiltern der planktonischen Larven verhindern, da diese zu klein sind, um durch ein Filter zurückgehalten zu werden, das gleichzeitig noch einen vernünftigen Wasserdurchfluß erlaubt. Das einzige Schutzmittel ist ein dauerndes Beimengen von Gift, wie Chlor, während des Larvenbefalls, und da die verschiedenen Arten zu verschiedenen Zeiten schlüpfen, muß man praktisch das ganze Jahr über Chlor einleiten.

Tiefenverbreitung des Planktons

Kehren wir zum Hauptgegenstand dieses Kapitels zurück. Wir sahen, daß die Temperatur nicht allein für die jahreszeitliche Verteilung verantwortlich ist, sondern auch der geographischen Verbreitung vieler Arten Grenzen setzt. Wie auf dem Lande gibt es auch im Meer einige kälteliebende Formen, aber viel mehr Arten brauchen Wärme und sind auf die Meere der Tropen und Subtropen beschränkt. Viele exotische Arten sind eine wahre Freude für den Naturfreund. Für Fische und andere nahrungssuchende Tiere sind die weniger bizarren Formen der gemäßigten und kälteren Gewässer erfreulicher. Nur diejenigen kälteliebenden Tiere, die ein Leben in der Tiefsee aushalten, sind gewöhnlich auch in den oberen Schichten und im Oberflächenwasser *beider* Polargebiete zu finden. Die reinen Oberflächenformen bleiben auf einen der Pole beschränkt. Für sie ist das warme Oberflächenwasser der Subtropen und Tropen eine Verbreitungsschranke, unter der die Tiefseearten hindurchtauchen. Manche Planktontiere sind ausschließlich an tiefes Wasser gebunden. Sie machen einen wichtigen Teil des gesamten Weltplanktons aus, da 84% aller Meeresgebiete tiefer als 2000 m sind. In der Tiefe ist der Druck erstaunlich hoch, er nimmt etwa alle 10 m um 1 Atmosphäre zu, so daß er in 1000 m Tiefe 100 at beträgt. Aber dieser Effekt der Tiefe ist nur zum Teil ein kontrollierender Faktor, da die unter solchen Drücken lebenden Organismen den gleichen Innendruck haben wie ihre Umgebung. Sie merken vom hohen Umgebungsdruck nicht mehr als wir von dem uns umgebenden Druck von 1 at. Plötzliche Druckunterschiede sind nur für Tiere mit Schwimmblasen unangenehm und gefährlich. Wasser ist so wenig kompressibel, daß zarte Tiere fast ohne Schaden zu nehmen aus der Tiefe ziemlich schnell an die Oberfläche gebracht werden können und dann munter im Becken umherschwimmen. Gase sind dagegen sehr kompressibel. Das heißt z.B., daß eine kleine Schwimmblase in 500 m Tiefe z.B. 100 mm^3 Luft enthält, beim Aufsteigen in 50 m Tiefe hat sie ein Volumen von 850 mm^3 und an der Oberfläche versucht sie sich auf 5100 mm^3 auszudehnen. Ein Fisch mit Schwimmblase darf nur langsam seine Tiefe verändern, um das ausgedehnte Gas zu absorbieren, bzw. beim Tiefergehen zusätzliches Gas zu erzeugen. Kommt der Fisch zu schnell an die Oberfläche, z.B. durch Netzfänge, dehnt sich die Schwimmblase stark aus und drängt Magen und andere innere Organe durch das Maul nach außen, was zum Tode führt, selbst wenn die Schwimmblase nicht platzt.

Der wichtigste Faktor, der — abhängig von der Tiefe — die Verbreitung kontrolliert, ist das Licht. Marines Zooplankton ist gewöhnlich sehr lichtempfindlich, es verändert seine Tiefe, um in die Zone optimaler Lichtbedingungen zu gelangen. Hieraus ergeben sich Tag- und Nachtwanderungen (s. Kap. 12). An Dämmerlicht oder Dauerdunkel gewöhntes Plankton kann allein dadurch getötet werden, daß es in die ungewohnte Helligkeit der Oberfläche gebracht wird. Beobachtet man abends die Sterne, so kann man sehen, wie die schwächeren Sterne mehr und mehr sichtbar werden, je dunkler die Abenddämmerung wird. Nur wenn es ganz dunkel ist, sieht man die Sterne 4. Größe. Experimente haben gezeigt, daß zum Beispiel einige planktonische Würmer so lichtempfindlich sind, daß sie auf Lichtunterschiede reagieren, die denen zwischen der 3. und 4. Größenordnung der Sterne entsprechen.

Bis zu welcher Tiefe Licht in das Wasser eindringt, hängt von der Höhe des Sonnenstandes und von der Durchsichtigkeit des Wassers ab. Eine senkrecht stehende Sonne dringt tiefer in das Wasser ein, als eine tiefer am Himmel stehende. Die Klarheit des Wassers ist abhängig von der Menge der Schlammpartikel und vom Plankton. Daher dringt das Licht viel tiefer in das blaue Ozeanwasser ein als in das grüne Schelfwasser. Im klaren tropischen Wasser des Marianengrabens fanden die Bathyscaph-Taucher noch in 170 m Tiefe Dämmerlicht und völlige Dunkelheit bei 330 m.

Die der Tiefe entsprechende Verteilung des Planktons kann durch Schließnetze erforscht werden, die das Plankton nur innerhalb bestimmter Schichten aufnehmen. Eine andere, moderne Methode, die wertvolle Ergebnisse geliefert hat, ist das Beobachten des Planktons durch das Fenster eines Bathyscaphen. Hierbei erhält man aber keine Proben zur Analyse, so daß alles von der Erfahrung des Beobachters abhängt. Um möglichst viel aus einem kostspieligen Tauchmanöver herauszuholen, sollte der für das Forschungsobjekt erfahrenste Wissenschaftler daran beteiligt sein. Prof. BERNARD von Algier tauchte vor Toulon 2100 m tief und stellte eine Aufeinanderfolge des Planktonvorkommens fest. Die folgende Tabelle gibt die durchschnittliche Anzahl von Organismen pro Sekunde an, die er beim Abstieg sehen konnte.

Es handelt sich hier um das extrem blaue Wasser des Mittelmeeres, sein Oberflächenplankton ist sehr spärlich verglichen mit

0—200 m	arm	4,7
200— 650 m	reich	47
650— 900 m	sehr reich	225
900—1900 m	arm	4,7
1900 m — Boden	mittel	21,5

dem Schelfwasser in der Umgebung der Britischen Inseln und ähnlichen Gebieten. Das vermehrte Vorkommen von Organismen in den mittleren Wasserschichten hängt hier mit dem Vorhandensein der Coccolithophoriden zusammen, kleinen Pflanzen, die verminderte Lichtintensität bevorzugen (S. 31). Beachtenswert ist das vermehrte Vorkommen von Organismen dicht über dem Meeresboden.

Andere Faktoren

Einige planktonische Tiere sind an bestimmte Salzgehalte gebunden, unabhängig von Temperatur oder Tiefe. Noch viel komplizierter sind solche Vorkommen, die anscheinend von geringen Unterschieden in der Konzentration von Vitaminen, Hormonen oder anderen mikrochemischen Komponenten gesteuert werden. Einige dieser subtilen Faktoren sind an die verschiedenen Wassermassen gebunden und breiten sich mit diesen aus. Andere sind extrem ortbeständig und bedingen lokale Anhäufungen von Plankton.

Wir alle kennen Ansammlungen von Pflanzen und Tieren auf dem Land und bringen sie oberflächlich in Zusammenhang mit dem Eingreifen des Menschen. Aber nicht jede Baumgruppe ist vorsätzlich gepflanzt worden, noch sind alle Brennesselwucherungen mit menschlichen Gewohnheiten verbunden. Mücken sammeln sich zu Trauben unter einem Baum und einige Meter weiter fehlen sie völlig. Auch das Plankton kommt in solchen Zusammenballungen vor, die manchmal in einer Ansammlung von verschiedenen Arten bestehen können. Oft können wir hierfür keine befriedigende Erklärung finden. Reiner Zufall oder das ungleichmäßige Vorkommen von Spurenstoffen mag die Ursache sein. Solche Gruppenbildung erschwert die einigermaßen genaue Abschätzung des Planktons. Nebeneinander ausgesetzte Netze liefern unterschiedliche Fänge, ebenso unterscheiden sich zwei nacheinander nahezu im gleichen Wasser genommene Proben. Um diese Differenzen auszugleichen, macht man möglichst lange Schleppfänge oder nimmt den Durchschnitt von Wiederholungsfängen. Je kleiner der Wasserkörper, desto genauer das Bild seines Planktongehaltes. Für große Gebiete sind dagegen nur oberflächliche Schätzungen möglich. Es ist undurchführbar, das Plankton des nördlichen Atlantischen Ozeans oder selbst der Nordsee zu erfassen.

In diesem Kapitel sollten die Unterschiede in der Planktonverteilung gezeigt und einige Erklärungen dafür gesucht werden. Es sind physikalische, chemische oder andere äußere Faktoren, die direkt das Wohlergehen der Organismen bestimmen oder vielleicht das ihrer Räuber oder Nährtiere. Die Nahrung ist die fundamentale Notwendigkeit, denn ohne Nahrung kann eine Population nicht existieren, gleichgültig, wie günstig die physikalische Umwelt auch sein mag. Wir haben daher sorgfältig zu unterscheiden, ob der Organismus selbst oder die Toleranz seiner Nährtiere die Verbreitung bestimmt. Dies ist weit offensichtlicher bei Fischen und anderen Schwimmern, die sich auf der Suche nach Nahrung frei bewegen können.

Kapitel 9

Die Nahrungskette des Meeres

Die Verteilung des Planktons hängt ab vom Nahrungsangebot. Der Körperbau der verschiedenen Arten steht in enger Beziehung zum Typ ihrer Futtertiere, zu ihren Freßmethoden und zu der Art und Weise, wie sie ihre Nahrung suchen. Der Leser wird nun schon das Prinzip der Nahrungskette im Meer kennen, aber wir müssen es noch einmal wiederholen und herausarbeiten. Abb. 39 zeigt den komplizierten Ablauf in sehr vereinfachter Form.

Die Hauptquelle der Nahrung bilden — wie auf dem Land — die grünen Pflanzen. Sie allein können die anorganischen Stoffe — Nitrate, Phosphate etc. — mit dem gelösten Kohlendioxyd zu organischer Substanz verbinden, die als tierische Nahrung dient: Kohlenhydrate, Eiweiß, Öle und Fette. Die Pflanzen brauchen dazu Sonnenenergie und das grüne Chlorophyll als Katalysator.

Es macht den chemischen Aufbau der Pflanzen möglich, ohne sich selbst dabei zu verändern. Der Nachschub an Nährsalzen entsteht

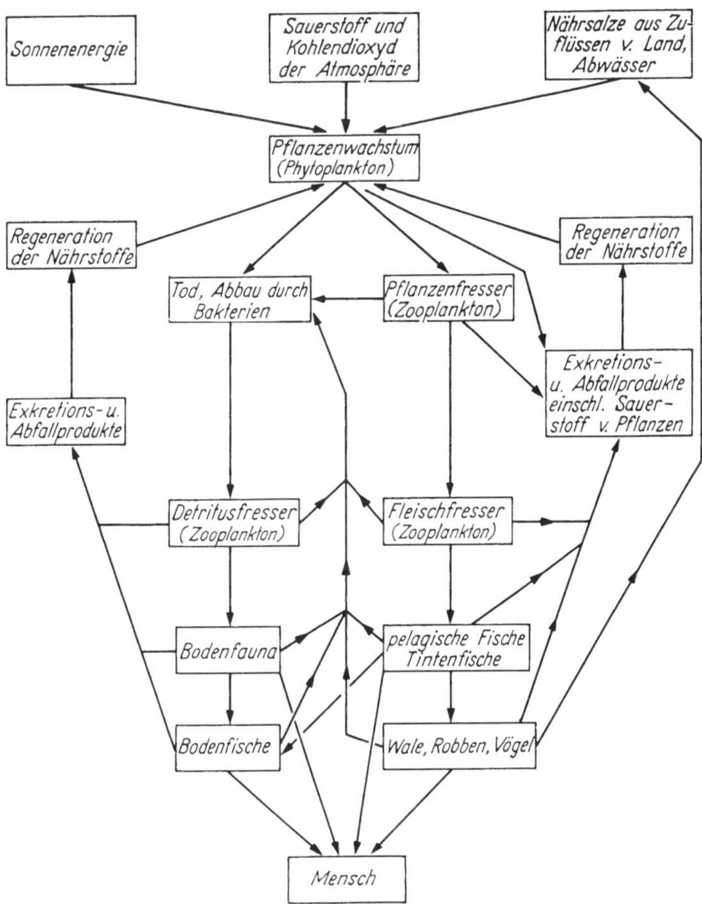

Abb. 39. Schema der wichtigsten Elemente des Nahrungskreislaufes im Meer

aus tierischen Abfallprodukten und aus dem bakteriellen Abbau pflanzlicher und tierischer Gewebe. Der Transport der Nährsalze in die belichtete Zone ist Sache der Meeresströmungen, sowohl die horizontale Verfrachtung als der vertikale Transport durch Konvektion und aufsteigendes Tiefenwasser.

In Ergänzung zu den Hauptnährstoffen brauchen die Pflanzen winzige Mengen von Stoffwechselprodukten, Wuchsstoffe, Vitamine und ähnliches, die teilweise nur von Bakterien oder von anderen Pflanzen hergestellt werden. Freie Bakterien sind nicht sehr häufig im Meer, sie leben auf festen Oberflächen, einschließlich natürlich der von Pflanzen und Tieren. Es sind die notwendigen Stoffwechselprodukte, die es so schwierig machen, Zuchten in noch so sorgfältig angesetztem, künstlichem Seewasser zu halten, wenn nicht eine Erdabkochung, ein Heuaufguß oder andere komplexe Zaubersäfte hinzugefügt werden. Die Bakterien sind demnach ein sehr wichtiges Glied in der Nahrungskette.

Um sich in der belichteten Zone zu halten, müssen die Meerespflanzen entweder in ganz flachem und seichtem Wasser an der Küste festsitzen oder sie müssen frei schwimmen. Da die Küstenregion verhältnismäßig klein gegenüber der gesamten Meeresfläche ist, sind die schwimmenden Pflanzen die eigentlichen Träger der Nahrungskette im Meer. Einige Typen dieser Pflanzen sind in Kapitel 3 beschrieben worden. Die wichtigsten bilden das sehr kleine Nanoplankton, Diatomeen und Dinoflagellaten. Mit dem Beginn stabiler Bedingungen im Frühling (S. 85) vermehren sich nanoplanktonische Formen und Diatomeen sehr schnell durch einfache Teilung; und da eine Generation in Stunden und Minuten gemessen werden kann, dauert es nicht lange, bis eine große Population entstanden ist.

Im Phytoplankton kommt es zu einer zeitlichen Aufeinanderfolge verschiedener Typen, auch innerhalb der Diatomeen; teilweise in Abhängigkeit von den jahreszeitlichen Veränderungen der Strömungssysteme und den damit verbundenen Umweltsänderungen, teilweise sind es auch die individuellen Anforderungen des Stoffwechsels der einzelnen Arten, die zu dieser Aufeinanderfolge führen. Bisher wissen wir sehr wenig Genaues über die chemischen Vorgänge. Manchmal wissen und oft vermuten wir, daß jedes wachsende Individuum, während es Nährstoffe absorbiert, kleine Mengen organischer Substanz in das umgebende Wasser abgibt. Mit diesen arbeiten die Bakterien. Durch kleine Unterschiede in der Bakterienpopulation wird die chemische

Beschaffenheit des Seewassers geringfügig verändert und damit für andere Arten besser geeignet. Die eine Art stirbt ab, weil sie auf eine Grenze in ihren Umweltforderungen getroffen ist und wird durch eine andere ersetzt usw. Hier beginnt die biologische Geschichte des Wassers in Ergänzung zu seiner physikalischen Geschichte. Die Auflösung des Nanoplanktons mag in diesem Zusammenhang genauso wichtig sein wie sein Wachstum und Überleben. Den Diatomeen des Frühjahrs und frühen Sommers folgen im allgemeinen die Dinoflagellaten. Diese können bei geringerer Nährstoffkonzentration leben, da sie sowohl gelöste und geformte organische Substanz als auch anorganische Stoffe und Sonnenlicht (S. 29, 85 und Abb. 36) verwenden können. So ist das Gedeihen der Dinoflagellaten abhängig von der biologischen Geschichte des Seewassers. Manchmal kommen viele Arten vermischt vor, aber oft schließt auch eine Art alle anderen aus und beherrscht ein Gebiet von hundert Quadratmeilen, während in einer benachbarten Wassermasse eine andere Art dominiert.

Von diesen Pflanzen ernähren sich pflanzenfressende Tiere, die einen großen Teil des Zooplanktons bilden. Aber nicht alle sind Pflanzenfresser, so daß die biologische Geschichte des Seewassers, die uns bei der Bestimmung von Pflanzenarten geholfen hat, auch verantwortlich ist für das Gedeihen tierischer Organismen. Man kann allgemein sagen, daß sich nur sehr kleine Tiere, besonders die kleinen Larven von Evertebraten ausschließlich vom Nanoplankton ernähren, alle anderen sind unfähig, so winzige Organismen in ausreichender Menge zu filtern. Eine Ausnahme macht *Oikopleura* (Abb. 29). Vielleicht nehmen auch andere Nanoplankton auf, aber gewöhnlich wird es so schnell verdaut, daß es in den Mägen nicht mehr nachweisbar ist. Tiere, die Diatomeen und Dinoflagellaten fressen, sind abhängig von der Größe und Gestalt ihrer Futtertiere und davon, ob sie sie als Ganzes verschlingen oder erst zerkleinern. Die frühesten Stadien kleiner Fischlarven, Copepoden-Nauplien (Abb. 26) und sogar *Noctiluca* (Dinoflagellat), sind Schlinger und man kann vollständige Diatomeen, wie *Skeletonema* und *Thalassiosira*, und Dinoflagellaten, wie *Peridinium* und *Dinophysis*, in ihnen finden. Stachelige Formen, wie *Chaetoceros*, die lange *Rhizosolenia* und das gehörnte *Ceratium*, werden hingegen nicht oft genommen.

Ältere Copepoden zerkleinern gewöhnlich die größeren Diatomeen und verschlingen die kleineren Formen. Copepoden sind die wichtigsten Pflanzenfresser des Zooplanktons. Bemerkenswerte Pflanzenfresser sind auch die Salpen, die für die Atmung Wasser durch die geschlitzten Kiemen pumpen und gleichzeitig das Phytoplankton abfiltern.

Das nächste Glied in der Nahrungskette sind die Räuber unter den Planktern, die sich sowohl von Pflanzenfressern als auch von anderen Räubern ernähren. Wenn wir bei den Landtieren an Raubtiere denken, so meinen wir Löwen, Tiger, Jaguare und andere Raubkatzen. Beim Plankton sind es oft die harmlos aussehenden Geschöpfe — ohne Klauen und Zähne —, die am gefräßigsten sind. Die schlimmsten Räuber sind kleine Medusen und Rippenquallen (Stachelbeerquallen). Medusen und Staatsquallen (Abb. 21) lähmen ihre Beute mit Hilfe ihrer Nesselzellen, die Rippenquallen fangen die Beute mit ihren klebrigen Tentakeln (S. 46). Andere Räuber jagen aktiv ihrer Beute nach, wohl ausgerüstet mit mächtigen, schnappenden Kiefern, wie z. B. die Pfeilwürmer (S. 48). Jungfische und adulte pelagische Fische, wie der Hering, schnappen nach ihrer Nahrung oder sind Filterer. Manche Copepoden und andere räuberische Krebse fangen mit Hilfe modifizierter Beine oder anderer Gliedmaßen. Diese Beine sind bei Hummerlarven, Taschenkrebsen, einigen Garnelen und Amphipoden mit Zangen ausgerüstet.

Nicht alle Pflanzen aber werden von Pflanzenfressern gefressen, und nicht alle Tiere von Räubern. Viele sterben aus Nahrungsmangel oder weil sie Änderungen in ihrer Umwelt (Temperatur, Salzgehalt, Tiefe usw.) nicht ertragen. Ihre Leichen und der Kot des Nekton und Plankton bilden den Detritus, der langsam absinkt. Diese organischen Partikel und die auf ihnen angesiedelten Bakterien sind die Nahrung unzähliger Filterer und Detritusfresser im Plankton. Viele Planktonlarven Wirbelloser ernähren sich auf diese Weise, auch Copepoden, einige Euphausiden und Amphipoden; sie fressen mehr oder weniger wahllos alles, was sie filtern, verdauen das Verdaubare und stoßen das übrige ab. Sogar die Kotballen im Detritus haben Nährwert für andere Organismen. Ist pflanzliche Nahrung besonders reichlich vorhanden, fressen die Pflanzenfresser im Überfluß. Das Abweiden des Phytoplankton hat einen doppelten Effekt: 1. Es verlangsamt den Verbrauch der Nährsalze durch die Pflanzen und verlängert die Wachstumsperiode. 2. Die unvollständige Verdauung der überschüssigen Nahrung führt dazu, daß der Nährwert der Kotballen stark ansteigt. Da schwerer als Wasser, sinken sie ab und reichern die tieferen Schichten schnell an.

Viele Bodentiere und festsitzende Formen ernähren sich von Detritus, genannt seien zum Beispiel Herz- und Miesmuscheln, Schlangensterne, Seepocken und Würmer. Oftmals nehmen sie einen Platz in der Nahrungskette als Futter für die Bodenfische ein und sind so für die wirtschaftliche Nutzung des Meeres wichtig. Auch heterotrophe Diatomeen, Flagellaten, Bakterien und Protozoen des Meeresbodens nehmen auf, was die gröberen Filterer übrigließen.

Die an der Oberfläche entstandene Nahrung wird wieder und wieder verwendet, da ein Tier das andere oder dessen Abfallprodukte frißt. Unter der Oberfläche lebende Organismen müssen dabei nicht verhungern, sie werden aber seltener, je tiefer wir gehen. Aber ganz dicht am Boden ist wieder mehr Nahrung verfügbar, denn der Boden verhindert weiteres Absinken und so können sich alle Überreste dort ansammeln, die hier von Detritusfressern und ihren Räubern verzehrt werden.

Alle Organismen im Meer, lebendig, tot oder aufgelöst, bilden die Nahrung für andere Formen und alle organische Substanz, sofern sie nicht wieder von Tieren aufgenommen wurde, wird von den Bakterien in die anorganischen Grundnährstoffe zerlegt und dient damit möglicherweise neuen Pflanzen als Nahrung. Nichts ist wertlos in diesem großen Kreislauf. Die einzigen Verluste aus der See sind die von Menschen oder von Vögeln willkürlich entnommenen Fische etc. Diese Entnahme an Eiweiß macht jedes Jahr einen riesigen Betrag aus, aber er wird kompensiert durch Abwässer, Detritus und Nährstoffe und den Abfluß von Dünger vom Land zurück ins Meer. Der Kot der Seevögel und ihre Leichen fallen meist ins Meer zurück. Das Meer wird jedes Jahr eher reicher als ärmer in seiner Gesamtproduktivität. Dazu trägt auch der Anstieg des atmosphärischen CO_2 bei, das durch den Gebrauch von Heizstoffen in der Industrie und im Verkehr erzeugt wird.

Kapitel 10

Das Plankton und seine Beziehungen zur Fischerei

Wir sahen im vorigen Kapitel, daß der Nahrungsvorrat für die Fische im Grunde vom Phytoplankton gestellt wird, so daß das Plankton für die Fischerei von grundlegender Bedeutung ist. Die Fischbestände und damit die Fischerei haben vielfältige Beziehungen zum Plankton, direkte und indirekte. Die Fischlarven sind selbst planktonisch und die erwachsenen Fische, seien es Planktonfresser, wie der Hering, oder Bodentierfresser, wie die Scholle, nähren sich letztlich von Plankton. Der Reichtum der Planktonproduktion hängt letztlich von der Durchmischung des Wassers ab, so daß das nährstoffreiche Wasser aus den tieferen Schichten an die Oberfläche kommt, wo es die Pflanzen verwenden können. In höheren Breiten ist das Plankton reicher und damit nahrhafter als in den Tropen (Abb. 37). Es ist daher kein Zufall, daß die Gebiete reichster Fischereien an gute Planktonproduktion gebunden sind, und zwar an die Kontinentalschelfs, wo gute Nahrungsbedingungen in Flachwassergebieten vorliegen, die wirtschaftlich befischt werden können.

Schwankungen im Nachwuchs

Beginnen wir mit dem Eistadium. Wie wir bereits gesehen haben, schweben die Eier fast aller unserer Nutzfische (Ausnahme Hering) im Plankton; die Weibchen produzieren ungeheure Mengen von Eiern. Wir haben gehört, daß ein Schellfischweibchen über ½ Million Eier legt und es kann dies für eine Reihe von Jahren tun, wenn es nicht zuvor gefangen wird. Nehmen wir einmal an, es legt 4 Millionen Eier, so brauchen davon nur 2 Tiere, ein Männchen und ein Weibchen, die Geschlechtsreife zu erlangen, um die Population auf dem augenblicklichen Stand zu erhalten. Der Rest bildet in der einen oder der anderen Form Futter für die verschiedenen Organismen, den Menschen eingeschlossen. Das ist eine Mortalitätsrate von 99,99995%! Würde die Mortalität aus irgendeinem Grunde auf 99,9995% absinken, so scheint uns das belanglos, in Wirklichkeit aber ist die Überlebensrate zehnmal so groß. Wenn das so für einige Jahre bliebe, würde der Schellfisch ungeheuer häufig. Ein ständiges Anwachsen des Bestandes kann aber nicht eintreten, weil nicht genug Nahrung für all die zusätzlichen Schellfische da wäre, und als Gegenwirkung würden sich auch ihre Räuber vermehren, was die Nachwuchsziffer senken würde.

Die Nachwuchsziffer für die Fischerei hängt also nicht so sehr von der Zahl der abgelegten Eier ab, als vielmehr davon, was diesen Eiern zustößt. Es ist sehr unwahrscheinlich, daß die Eiproduktion durch Überfischung der Eltern gefährlich herabgesetzt werden könnte. Bei keinem marinen Fisch steht zu fürchten, daß er durch Nutzung der Bestände ausgerottet wird, wie es mit der Dronte und nahezu mit dem Bison der Fall ist. Sobald ein Nutzfischbestand sehr stark gelichtet wird, lohnt sich die weitere Befischung nicht mehr.

Wie wird nun die Überlebensrate der Jungfische durch die Planktonverhältnisse beeinflußt? Dafür haben wir drei Wege. 1. Nach dem Schlüpfen fressen die Larven Plankton, für sie muß genügend Nahrung der richtigen Zusammensetzung vorhanden sein. 2. Eier und Jungfische bilden eine ideale Nahrung für eine Menge von Räubern im Plankton, einschließlich kleiner Fische. 3. Da die Fischlarven selbst einen Teil des Planktons bilden, werden sie in Gebiete verdriftet, die möglicherweise für ihre spätere Entwicklung ungünstig sind. Die Überlebenschancen sind angesichts all dieser Gefahren tatsächlich gering.

Wenn die Larven schlüpfen und anfangen zu fressen, sind sie sehr klein, nur einige Millimeter lang und man kann nicht von ihnen erwarten, daß sie kräftig hinter ihrer Nahrung herjagen. Es müssen Nährtiere in großer Menge und vom richtigen Typ im Plankton zur Verfügung stehen. Meist sind die jungen Fische wenig wählerisch und fressen, was verfügbar ist. Einige Organismen sind jedoch zu stachelig oder zu bizarr geformt, zu groß oder zu lebhaft, um gefangen zu werden; oder sie sind als Nahrung wenig wert oder sogar unverdaulich. Wenn auch auf den frühesten Stadien manchmal pflanzliche Nahrung aufgenommen wird, so ist tierische Nahrung doch notwendig. Die beliebteste Nahrung für viele Fischlarven bilden die Nauplius-Stadien der Copepoden, die am zahlreichsten während der „Frühjahrsblüte“ des Phytoplanktons sind. So ist es nicht erstaunlich, daß die meisten unserer

Nutzfische im zeitigen Frühjahr laichen, damit die Larven sich im Nahrungsreichtum des Frühjahrs entwickeln können.

Für etwa 3 Monate sind die Schellfisch-Larven planktonisch und brauchen viel feine planktonische Nahrung. Ist es da ein Wunder, daß nicht alle die Millionen von Larven zur gleichen Zeit Futter finden können und es zu den großen Verlusten kommt? In einem gewöhnlichen Jahr kann die Verlustrate 10% pro Tag betragen, manchmal ist sie geringer, oft aber auch ein gut Teil größer. Umweltbedingungen, die eine gute Nahrungsversorgung verhindern, sind daher teilweise verantwortlich für eine geringe Überlebensrate der Brut. Diese Umweltfaktoren sind bereits in den vorigen Kapiteln behandelt worden und brauchen nur kurz wiederholt zu werden. Ungenügende Durchmischung der Wassermassen ist eine der Hauptursachen für eine geringe Nachkommenschaft: Unzureichende Zufuhr von Nährsalzen für das Phytoplankton — Armut an brauchbarem Zooplankton — Nahrungsmangel für die Jugendstadien der Fische.

Mitunter findet ein Einströmen westlichen, gemischten Wassers in den Kanal statt, damit wird das östliche Wasser weiter ostwärts gedrückt; wir können diese beiden Wassermassen am Vorhandensein der beiden Pfeilwurmarten *Sagitta setosa* und *S. elegans* (Abb. 22) erkennen. Ist *S. elegans* vorhanden, so bedeutet das starken Einstrom und Einmischung westlichen Wassers. Dann sind die Jungfische im Plymouthgebiet reichlich vorhanden. Wenn dagegen *S. setosa* anwesend ist und das Kanalwasser bleibt ungemischt, sind Jungfische selten. Dieselbe Erscheinung haben wir in der nördlichen Nordsee, wo wieder *S. elegans* die Vermischung von Nordsee- und ozeanischem Wasser anzeigt. Über einen Zeitraum von mehreren Jahren war die Anzahl der Larven von Bodenfischen jeweils größer, wenn *S. elegans* vorkam, als wenn sie fehlte. Diese Unterschiede haben natürlich im Grunde nichts mit den Pfeilwürmern selbst zu tun, nur mit dem umgebenden Mischwasser, das *S. elegans* braucht. Ist der Einfluß neuen Wassers zu gering, führt dies ebenso zu einer Verarmung des Nahrungsangebotes wie ein großer Einstrom, der das lokale Wasser verdrängt, ehe es sich noch vermischen konnte.

Die Lebensgeschichte des Wassers ist teilweise verantwortlich für die Typen der planktonischen Organismen, die als Nahrung geeignet sein mögen oder nicht. Das ist besonders wichtig für solche Fischlarven, die sehr selektiv in ihrer Nahrungsaufnahme sind, wie z. B. Schollen und Limanden, die überwiegend *Oikopleura* fressen.

Auch eine reiche Salpenpopulation kann das Nahrungsangebot herabsetzen, da die Salpen sehr wirksame Filtrierer sind. Eine Invasion von *Salpa fusiformis*, die 1958 die nördliche Nordsee und das Gebiet südwestlich und westlich von Island überflutete, kann auf Hunderte von Quadratmeilen das Phytoplankton beseitigen; dadurch bleibt zu wenig Nahrung für das Zooplankton, das wiederum von den Jungfischen gefressen werden sollte.

Die andere große Gefahr für die junge Fischlarve bilden die Räuber. Die Quallen, Rippenquallen und Pfeilwürmer sind die schlimmsten Feinde im Plankton. Wenn sie in Schwärmen auftreten, sind sie eine ernste Gefahr, die noch dadurch vermehrt wird, daß sie auch andere Tiere vertilgen, die den Fischlarven als Nahrung hätten dienen können. Besonders Schwärme von *Pleurobrachia* können so dicht sein, daß man nach kurzer Zeit nichts anderes mehr findet. Andere wichtige Räuber von Fischlarven sind erwachsene pelagische Fische, wie Hering und Makrele. Wir müssen uns hier vergegenwärtigen, daß erwachsene Fische (wie jeder Forellenfischer weiß) die Tendenz haben, immer die gleiche Nahrung zu fressen, solange der Vorrat reicht, andere vorhandene Nahrung wird nicht beachtet. Das heißt, wenn Fischlarven in großer Menge auftreten und von erwachsenen Tieren gefressen werden, tun diese das fortgesetzt, daher ist die Gefahr um so größer, je mehr Fischlarven vorhanden sind.

Das dritte Gefahrenmoment stellt der tatsächliche Transport der Larven durch die Wasserbewegungen dar. Einige Fische bevorzugen Sandboden, andere Steine oder Fels, sei es auf Grund ihrer eigenen „Wünsche und Abneigungen“ oder weil ihre Nährtiere an ein bestimmtes Substrat gebunden sind. Einige Fische, so die Scholle, brauchen seichte, sandige Buchten während ihres ersten Lebensjahres und ihre Aufwuchsgebiete befinden sich in Küstennähe. Wer hat noch nicht beim Durchwaten eines sandigen Gezeitentümpels die winzigen Schollen von der Größe einer Briefmarke aufgescheucht? Selbst junge Schellfische vertragen kein tiefes Wasser. Larven, die — von Strömungen verfrachtet —

keinen geeigneten Grund finden, sind dem Untergang geweiht. Die Hauptlaichgebiete der Scholle liegen so, daß die normalen Strömungen die Jungtiere zu den sehr geeigneten, sandigen Buchten der holländisch-deutschen und dänischen Küsten transportieren. Für viele andere Arten sind die Bedingungen nicht so anhaltend günstig, besonders in Gebieten, wo die Strömungen alles andere als konstant sind.

Betrachten wir noch einmal die drei großen Gefahrenmomente. Nimmt es da wunder, daß die Überlebensraten so niedrig, so variabel und vom Plankton so abhängig sind? Die Nachwuchsziffer für den Kabeljau der Bäreninsel-Fischerei variiert mit dem Vorkommen von *Calanus* und steht damit in Abhängigkeit von den Planktonverhältnissen und der Menge nordwärts fließenden warmen Wassers. Natürlich besteht auch eine Korrelation mit den Wetterbedingungen, kürzlich schön illustriert in Norwegen, wo man herausgefunden hat, daß die Schwankungen im Kabeljaubestand der Lofotenfischerei denjenigen im Wachstum der nordnorwegischen Fichten sehr ähnlich ist. Neuere russische Arbeiten haben gezeigt, daß bei reichlichem Vorkommen von kleinen Rippenquallen das übrige Plankton arm ist, was sich auch auf den Kabeljaubestand auswirkt. Wenn aber *Beroë* (Abb. 21) sehr zahlreich ist, frißt sie die anderen Rippenquallen, und sowohl Plankton als auch die jungen Kabeljau gedeihen gut.

Planktonfressende Fische und Wale

Wenden wir uns nun den Beziehungen zwischen Plankton und erwachsenen Fischen zu, so sollten wir zuerst die pelagischen Planktonfresser betrachten, wie Hering, Makrele, Sardinen und Sprott.

Die Copepoden, hauptsächlich *Calanus*, sind im Jahresdurchschnitt für etwa 21% der Heringsnahrung verantwortlich, im Sommer liegt der Prozentsatz viel höher. Obgleich der Hering auch andere Nahrung aufnimmt, zieht er doch *Calanus* vor. In den kälteren Gewässern, wie im Barentsmeer, bildet *Calanus* etwa 80% des Gesamtgewichtes aller Zooplanktonarten zusammen. Wenn *Calanus* die lebenden Diatomeen im Phytoplankton der Oberfläche frißt, so erscheint er blaß gefärbt, frißt er aber Zerfallsprodukte, wie er es in den tieferen Schichten tun muß, ist er rot gefärbt und sehr ölhaltig. Die Heringe, die *Calanus* fressen, können sehr fettreich sein und ölige Heringe sind schlecht einzulegen. So ist also eine zu reichhaltige Nahrung nicht notwendigerweise vorteilhaft für den Markt. Ist der Hering angefüllt mit *Calanus*, so hat er einen roten Darm und ist gewöhnlich in bestem Zustand.

Wenn *Calanus* nun einen so wichtigen Bestanteil der Heringsnahrung ausmacht, kann man daraus schließen, daß es mehr Heringe gibt, wo *Calanus* vertreten ist? Wäre es möglich, die Fänge zu vergrößern, wenn man nur in Gebieten fischt, wo eine Planktonprobe das Vorkommen von *Calanus* zeigt? Im Jahre 1932 ist so ein Experiment auf den Heringsgründen der Nordsee durchgeführt worden. Fischer schleppten den Hardy-Plankton-Indikator (S. 14) über eine Meile, bevor sie die Netze aussetzten. Das Plankton wurde analysiert und mit den Fängen in Zusammenhang gebracht. Im großen und ganzen verlief das Experiment recht gut. Eine Gegenüberstellung zeigte: Bei unterdurchschnittlichem *Calanus*-Vorkommen betrug der mittlere Heringsfang 14 ¼ „Korb", dagegen etwa 31 ½ „Korb" bei überdurchschnittlichem *Calanus*-Vorkommen[1]. Im einzelnen gab es große Abweichungen: Tatsächlich befand sich der reichste Heringsfang in einer niedrigen *Calanus*-Gruppe und überhaupt kein Hering wurde in der *Calanus*-reichsten Gruppe gefangen. Wie kommt das? Es gibt dafür verschiedene Gründe.

Ein großer Heringsschwarm kann gerade den *Calanus*-Bestand leergefressen haben, so daß man den Schwarm antrifft, wo *Calanus* gerade sehr häufig gewesen ist. Sind die Nährtiere häufig, so mögen viele Heringe zwar am Rande der *Calanus*-Wolke sein, sie haben aber das reichste Gebiet noch nicht erreicht. Während des Laichens sind die Heringe am konzentriertesten und sehr leicht zu fangen, aber sie sind gerade dann am Fressen gar nicht interessiert. Die Hering/*Calanus*beziehung ist ausgeprägter im isländischen Bereich als in der Nordsee. Diese Planktonmethode wird für kommerzielle Zwecke nicht mehr angewendet, seit das Echolot die Fischschwärme sehr genau und direkt anzeigt und die Ortung von biologischer Theorie und Praxis unabhängig macht.

[1] Eine Korrelationsrechnung führt allerdings infolge der großen Variationsbreite nicht zur statistischen Sicherung der Covariation beider Wertreihen (Übers.).

Calanus ist natürlich nicht die einzige Nahrung der Heringe. Die meisten anderen Zooplankter werden ebenfalls gefressen. Junge Sandaale sind besonders wichtig, sie machen durchschnittlich etwa 40% der gesamten Heringsnahrung aus. Übrigens, etwa 70% des Futters der Sandaale besteht aus *Calanus*.

Heringe sind Wanderfische. Schwarmbildend ziehen sie auf komplizierten und noch nicht sehr gut erforschten Wanderwegen zwischen ihren Freß- und Laichgebieten hin und her. Die Wanderwege variieren entsprechend der Verteilung geeigneter hydrographischer Bedingungen und dem Vorhandensein von Nahrung. Heringe vermeiden „übel schmeckendes" Wasser. Auf S. 89 wurde der „Tabaksaft" erwähnt, der auftritt, wo *Rhizosolenia* häufig ist. Heringe vermeiden solche Gebiete. Ganz allgemein wird dichten Planktonwolken ausgewichen, obgleich wir nicht wissen warum. Eine Ansammlung von Diatomeen kann dadurch zustande kommen, daß zu wenig Pflanzenfresser da sind, sie niederzuhalten, und die Heringe fehlen dort, weil keine Copepoden da sind. „Weißes Wasser" auf Grund der Anwesenheit von Coccolithophoriden (S. 95) ist ein Indikator für gute Durchmischung, die sehr günstig für die Planktonproduktion ist, so verspricht „weißes Wasser" eine gute Heringsfischerei. Aber nicht immer rührt „weißes Wasser" von Coccolithophoriden her, manchmal sind es winzige Kügelchen von Heringsöl, die das Wasser milchig machen, abgestoßene Schuppen oder die „Milch" fließender Heringsmännchen. Das weist zweifellos auf die Anwesenheit von Fischen hin. Sardinen fressen mehr Phytoplankton als andere Vertreter der Heringsfamilie und sind so auch direkter vom Phytoplankton abhängig.

Der größte Fisch unserer Breiten ist der Riesenhai, der eine Länge von 10 m erreicht. Obschon ein echter Hai, ist er kein gefährlicher Fisch und frißt fast ausschließlich Plankton, vor allem *Calanus* und Euphausiden. Diese verschafft er sich, indem er mit weit offen klaffendem Maule langsam umherschwimmt, ähnlich einem Planktonnetz. Das Plankton wird abgefiltert durch eine Reihe von Kämmen der Kiemenreusen. Man kann die Riesenhaie sehen, wenn sie an einem warmen, ruhigen Sonnentag an der Oberfläche entlangschwimmen, die Rückenflosse ragt aus dem Wasser heraus (Abb. 40). Sie sind gar nicht aggressiv und verursachen nur

Schäden an Fischnetzen, wenn sie sich darin verwickelt haben — aber kann man sie dafür verantwortlich machen? Eine plötzliche Bewegung des mächtigen Schwanzendes kann wohl ein Ruderboot gefährden. Dies tritt aber nur ein, wenn der Hai plötzlich gestört wird. Seltsamerweise verlieren die Haie im Herbst ihre Kiemenreusen und halten auf dem Meeresboden „Winterschlaf" bis im Februar neue Kiemenreusen gewachsen sind.

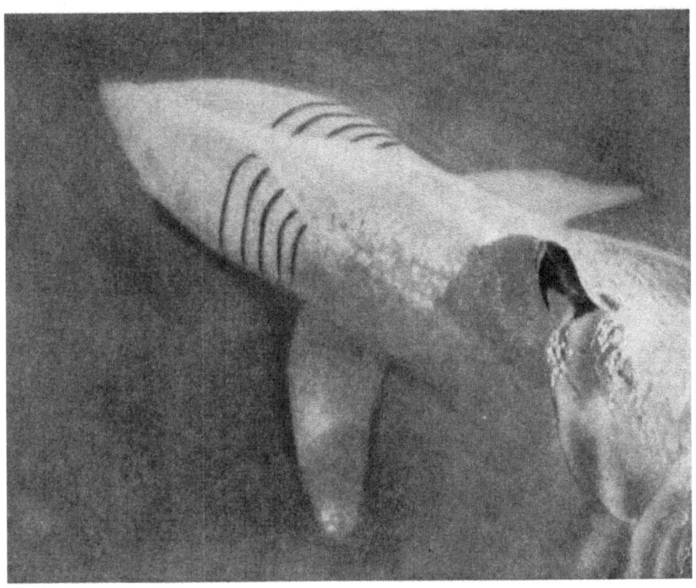

Abb. 40. Riesenhai, aufgenommen vom Forschungsschiff „Scotia" im Firth of Clyde (Westküste Schottlands), die Spalten des Kiemen-Filterapparates sind deutlich zu sehen

Wale sind zwar keine Fische, verdienen aber hier eine Erwähnung. Es gibt zwei Haupttypen: Die Zahnwale (z. B. der Pottwal), die Fische und Tintenfische jagen und die Bartenwale, die sich von Plankton ernähren. Der Blauwal, das größte Säugetier, das es je gegeben hat, erreicht eine Länge von nahezu 30 m und ein Gewicht von 150 Tonnen. Wie die anderen Bartenwale filtert er das Plankton durch ein Sieb, das aus einer Reihe von Bürsten, haarigen Fransen der gerippten Gaumenplatte besteht.

Sein Hauptfreßgebiet ist die Antarktis während des Frühlings und Sommers, wenn *Euphausia superba* häufig ist. Ein Blauwalmagen kann Tonnen von Euphausiden enthalten. Man erhält einen Eindruck von dem Nährwert dieses Futters, wenn man sich die Wachstumsrate der Blauwale vergegenwärtigt. Das Blauwalkalb ist bei der Geburt etwa 7 m lang und wiegt 3 Tonnen nach knapp einem Jahr Tragzeit. Während der folgenden 6 oder 7 Monate Säugezeit nimmt es etwas mehr als ½ t pro Woche zu, bis es anfängt, selber zu fressen. Es wiegt dann 20—25 t und mißt ca. 16 m. Bei Erreichen der Geschlechtsreife im Alter von 4—5 Jahren wiegt es etwa 60 oder 70 t.[1]

Die meisten der größeren Bartenwale waren mehr oder weniger weltweit verbreitet, sind heute aber fast nur noch in der Antarktis zu finden. Nur der Sei-Wal ist in den nördlichen Gebieten relativ häufig. Hier ist die Hauptnahrung ein anderer Euphauside, *Meganyctiphanes norvegica* (Abb. 28). Die Sattelrobbe und einige Seevögel nehmen ebenfalls Euphausiden, besonders der Eissturmvogel im Norden und der kurzschwänzige Sturmtaucher in Australien.

Bodenfische

Auch am Boden lebende erwachsene Fische sind vom Plankton abhängig, allerdings nicht so direkt wie die Larven und die pelagischen Fische. Wie wir schon gesehen haben, sind viele Jugendstadien von Bodentieren planktonisch. Verbreitung und Häufigkeit der Bodentiere — der wichtigsten Nahrung der Grundfische — stehen damit in direktem Zusammenhang mit dem Plankton. Auch die Nahrung dieser Bodentiere stammt vor allem aus dem Plankton. Die Güte der Bodenfauna wirkt sich auf die Wachstumsrate der Fische aus; z. B. wächst ein 5jähriger Schellfisch beim mäßigen Nahrungsangebot der mittleren Nordsee zu einer Länge von 31,6 cm heran, ein 5jähriger Schellfisch aus den reichen isländischen Gewässern dagegen wird 55 cm lang und damit 5 mal so schwer wie ein Nordseeschellfisch (siehe den Schlußabsatz in Kap. 2).

[1] Nach Angaben in der neu bearbeiteten Ausgabe von F. R. Norman und F. C. Fraser „Riesenfische, Wale und Delphine“, Parey, Hamburg und Berlin 1963 (Übers.).

Starke Klimaveränderungen wirkten sich in den letzten Jahrzehnten auf die Temperaturen der nördlichen Meere aus. Das Eis zog sich allmählich zurück. Das bedeutete eine nördliche Ausdehnung der Gebiete, in denen Fische, besonders Kabeljau, leben können. Bei solchen Veränderungen findet eine Neubesiedlung des Meeresbodens durch Formen statt, die den neuen Bedingungen entsprechen und wieder als Nahrung für die Fische auf den neuen Gründen dienen. Obschon es eine allmähliche Veränderung ist, können die kleinen Bodentiere nicht schnell genug kriechen, um Schritt zu halten. Die Neubesiedlung hängt statt dessen vom Transport planktonischer Larven durch Strömungen ab, die in enger Beziehung zu den Klimaveränderungen stehen.

Das Plankton ist also durch eine mehr oder weniger lange Nahrungskette (je nachdem welche Nahrung der Fisch bevorzugt) mit der Fischerei verbunden. Den Anfang bildet immer das grüne Phytoplankton. Auf jeder Stufe der Nahrungskette gehen bis zu 90% verloren, d. h. 100000 kg grüne Pflanzen ergeben 10000 kg pflanzenfressendes Zooplankton, entsprechend 1000 kg Räuber im Plankton oder 100 kg Fische; stehen sie noch um ein oder zwei Glieder weiter in der Nahrungskette, ist das Ergebnis nur 10 bzw. 1 kg Fisch. Man hat die jährliche Phytoplanktonproduktion aller Weltmeere auf 150 Milliarden t geschätzt. Das ist natürlich nur eine sehr grobe Schätzung, die sich auf ein paar Berechnungen für einzelne Meeresgebiete stützt, und man kann nur vermuten, wie die Dinge anderswo liegen. Dieser Schätzwert für das Meer ist nicht allzu verschieden von der Produktion auf dem Lande. 150 Milliarden t Pflanzen liefern tatsächlich etwa 45 Mill. t Fisch auf die Märkte der Welt, das sind 0,03% Ertrag, dabei sind allerdings große Gebiete einbezogen, in denen kommerzielle Fischerei nicht möglich ist. In der Nordsee oder auf dem Isländischen Schelf, werden 0,2—0,3% der Urproduktion als Fisch genutzt. Dieser hohe Betrag kommt z. T. durch den großen Anteil an Heringen zustande, die sich meist von Pflanzenfressern oder primären Carnivoren ernähren. Aber auch die Strömungssysteme können ursächlich beteiligt sein, da sie die langlebigen Glieder der Nahrungskette in diese Gebiete bringen, während das erste Glied, das Phytoplankton, anderswo lebt.

Plankton in Form von Quallen ist z. B. bei den Färöer mitunter ein ernstes Hindernis für die Schleppnetzfischerei. Nachdem die Quallen den Sommer über an der Oberfläche gelebt haben und ziemlich groß geworden sind, gehen sie im August/September oder auch erst im Oktober zu Boden. Hier sammeln sie sich in gewaltiger Anzahl. Die Fischfänge werden dann so schlecht, daß die Trawler anderswo hingehen müssen. Wir wissen nicht genau, in welcher Weise die Quallen auf die Fische wirken; möglicherweise verscheuchen sie die Fische vom Meeresboden, so daß sie nicht vom Grundschleppnetz erfaßt werden können. Am wahrscheinlichsten ist es aber, daß die Quallen in solchen Mengen auftreten, daß die Netze sich vollsetzen und schwer werden und nicht so wirksam wie üblich fischen können. Einige Fischer berichteten, daß die Netze voll von Quallen sind, sobald sie den Boden erreichen und beim Heraufholen durch das ungeheure Gewicht reißen. Später im Jahr, im November etwa, wird der Boden klar und die Fischerei wieder lohnender.

Auch die Stellnetze für den Lachsfang an den Küsten werden durch Quallen verstopft. In der Ostsee können die Reusen durch *Aurelia* so schwer werden, daß sie beim Einholen zerreißen und die Fischerei auf Hering und Sprott gestört wird. Die Quallen dringen in die ausgesüßten Gewässer des Finnischen Meerbusens vor und beeinträchtigen hier die Hechtfischerei. Sie scheinen am fruchtbarsten in warmen Sommern zu sein.

Dieses Kapitel, zusammen mit den zwei vorhergehenden, versuchte zu zeigen, wie eine gute Fruchtbarkeit des Wassers durch das Plankton eine gute Fischerei ergeben kann. Das stimmt nun aber nicht immer, besonders wenn die Veränderungen zu plötzlich erfolgen. Ein Beispiel ist die „rote Tide", die wir am Ende des dritten Kapitels erwähnten. Es ist die plötzlich auftretende Massenentfaltung eines giftigen Dinoflagellaten, verbunden mit einem außerordentlich reichen Nahrungsvorkommen. Eine solche „Blüte" war im Jahre 1959 am Strand West-Floridas anzutreffen, es war die vierte innerhalb von 10 Jahren. „Rote Tiden" können einen sehr ungünstigen Einfluß auf die örtliche Fischerei und die Strandbeschaffenheit ausüben. Das betroffene Gebiet ist so reich an Nährstoffen, daß die Dinoflagellaten sich mit enormer Geschwindigkeit vermehren können, und das von ihnen ausgeschiedene Toxin vergiftet viele Fische. Andere Fische gehen durch Sauerstoffmangel im Wasser zugrunde, da die durch die Zersetzung von Fischen und anderen Organismen entstandenen Bakterien den Sauerstoff aufgebraucht haben. Während ihrer ungeheuren Vermehrung beanspruchen die Dinoflagellaten mehr und mehr Nährstoffe, bis alles aufgezehrt ist, und dann folgt ein plötzliches Massensterben.

Das an die Küste gewehte Spritzwasser kann noch so giftig sein, daß es vor allem für Lungen- und Herzkranke unangenehm ist. Dies und der Geruch nach faulem Fisch machen den sonst so beliebten Küstenstreifen für den Fremdenverkehr unbrauchbar.

Die „roten Tiden" beobachtet man auch in Indien, Japan, Australien und Chile. Sie sind ebenfalls in Süß- und Brackwasser des Mittelmeergebietes anzutreffen und sogar in Belgien und Dänemark, allerdings hier nicht in dem gleichen Maße wie vor Florida. Mitunter kann eine indirekte Vergiftung eintreten, indem z. B. Miesmuscheln zuviele giftige Organismen mit ihrer Nahrung aufnehmen. Dann kommen Vergiftungen sogar noch nach dem Kochen vor. Diese Vergiftungsgefahr ist in unseren Breiten allerdings sehr gering. Als Vorsichtsmaßnahme werden die Muscheln am Markt von der Gesundheitspolizei überwacht.

Kapitel 11

„Leitformen" und Wasserbewegungen

Alle Lebewesen sind an bestimmte Lebensbedingungen angepaßt, aber einige sind mehr, andere weniger tolerant. Eisbären leben im kalten Klima der Arktis, Pinguine in der Antarktis; Giraffen bevorzugen die Wärme, das Nilpferd liebt es feucht, Papageien leben im Wald und Bisons in der offenen Ebene. Sie alle können gemeinsam in einem Zoo unserer Breiten leben, wenn man ihnen Schutz und das richtige Futter bietet, sie sind weitgehend tolerant. Weniger tolerante tropische Arten können in unseren Zoos nur in Warmhäusern leben. Einige nehmen gutwillig verschiedenes Futter an und sind nicht schwer zu halten, ein

Bambusbär hingegen ist vollkommen von Bambusschößlingen abhängig.

So ist es auch bei den Pflanzen und Tieren des Planktons. Einige sind an hohen Salzgehalt gebunden, andere an niedrigen und bei einer weiteren Gruppe scheint der Salzgehalt gar keine Rolle zu spielen. Weitere begrenzende Faktoren sind Temperatur, Wassertiefe, Nahrung und auch jene feineren chemischen Faktoren, wie Vitamine und Spurenstoffe. So sind die verschiedenen Arten des Planktons entsprechend den Umweltbedingungen verteilt, die toleranten innerhalb weiter und die weniger toleranten innerhalb recht enger Grenzen. Das wurde schon in Kapitel 8 erwähnt, da es die geographische und jahreszeitliche Verteilung des Planktons beeinflußt.

Wir können aber noch einen Schritt weiter gehen. Wählen wir geeignete Arten, so können wir ihre Wanderungen verfolgen und mehr über die sie verdriftenden Ströme erfahren. Das Prinzip ist sehr einfach. Wasser, das sich von einem Ort zu einem anderen bewegt, mischt sich allmählich mit dem Wasser der Umgebung, es wird kälter oder wärmer. Seine physikalischen und chemischen Eigenschaften ändern sich bei der Vermischung, bis die Identität des Wasserkörpers verlorengegangen ist und Unterschiede nicht mehr meßbar sind. Obschon auch das Plankton vermischt wird, können die einzelnen Organismen, die von den Strömungen verdriftet werden, nicht verändert werden, sondern bleiben erkennbar, bis sie absterben und sich auflösen. Sind die gewählten Arten leicht zu bestimmen, kann der Wasserkörper einfach durch einen Planktonfang identifiziert werden. Dies war schon seit Jahrhunderten bekannt, aber nur sehr vage, bis 1935 Dr. F. S. Russell (Plymouth) darauf hinwies, wie nützlich solche Kennzeichen sind und wie leicht man sie erhalten kann. Seitdem hat man gelernt, die meisten Wasserkörper des Nordost-Atlantik und mancher anderer Meere der Welt anhand ihres Planktongehaltes zu unterscheiden. Für diejenigen Arten im Plankton, die dazu verwendet werden können, den Ursprung des Wasserkörpers, in dem sie vorkommen, anzugeben, wurde von Künne (Helgoland) die Bezeichnung „Leitformen“ geprägt.

Die meisten Arten — die Leitformen des Planktons eingeschlossen — sind als Individuen sehr viel toleranter als die Arten.

Die Einzeltiere können zwar gemäß ihrem Grad an Toleranz in einer veränderten Umwelt leben, aber sie vermehren sich nur innerhalb viel engerer Grenzen. Eine Wassermasse, selbst wenn sie sich über weite Gebiete ausgebreitet und sich dabei physikalisch verändert hat, kann aufgrund ihres Planktons auf ein oder mehrere eng umschriebene Herkunftsgebiete zurückgeführt werden.

Die Pfeilwürmer (Chaetognatha) sind uns schon als Leitformen bekannt. In der Nordsee gibt es verschiedene Arten, die mit einiger Übung leicht zu unterscheiden sind. *Sagitta setosa* hat einen starren, durchsichtigen Körper, in dem die Gonaden beinahe auf das Körperende beschränkt sind. *Sagitta elegans* wird größer als *S. setosa*, sie ist weniger durchsichtig, ihre Gonaden reichen weiter nach vorn. Da *S. elegans* weniger starr ist, erscheint sie in den Fängen oft etwas zerknüllt. *Sagitta setosa* (Abb. 22 links) bevorzugt mäßig niedrigen Salzgehalt, nicht so hoch, um im offenen Ozean zu leben und nicht niedrig genug, um in der Ostsee vorzukommen (S. 48 und 104). *Sagitta elegans* (Abb. 22 rechts) bevorzugt deutlich höheren Salzgehalt, verbunden mit einer Mischung von ozeanischem- und Küstenwasser. Sie ist daher sowohl in Gebieten, die vom ozeanischen Wasser nicht erreicht werden, selten, als auch im offenen Ozean. *Sagitta serratodentata* bevorzugt hohen Salzgehalt, geht aber nicht weit in die offene See hinaus. *Sagitta lyra* liebt es warm und mäßig tief. *Sagitta maxima* liebt kaltes Wasser, wobei es gleichgültig ist, ob es die kalte Oberfläche der Arktis oder tiefliegende kalte Schichten in niederen Breiten sind. *Sagitta macrocephala* und *Sagitta zetesios* werden nur in der Hochsee angetroffen.

Die Copepoden können in ganz ähnlicher Weise verwendet werden, nur haben wir hier viel mehr Arten als bei den Pfeilwürmern. Um nur einige zu nennen, *Labidocera wollastoni* in der Nordsee, unabhängig von ozeanischem Zustrom. *Metridia lucens* im Mischwasser, *Calanus hyperboreus* in kaltem Wasser, *Pareuchaeta barbata* in kaltem und tiefem Wasser und *Pleuromamma abdominalis* im wärmeren ziemlich tiefen Wasser. Wenn wir diese und noch viele andere Gruppen betrachten, so müssen wir das Plankton als eine Gemeinschaft sehen, in der jeweils viele Arten mit ähnlichem Geschmack zusammenleben. Man sagt, eine

Schwalbe macht noch keinen Sommer: So kennzeichnet auch nicht eine *Sagitta* eine Wassermasse, wenn sie aber in Verbindung mit anderen Vertretern der gleichen Gemeinschaft vorkommt, ist der Hinweis auf ein bestimmtes Ursprungsgebiet entsprechend größer.

Einige Arten sind nützliche Leitformen trotz ihrer weiten Toleranz, weil ihr Ursprung von anderen Faktoren bestimmt wird. Ein gutes Beispiel liefert die Meduse von *Obelia*. Sie ist eine sehr tolerante Form, aber durch das Hydroidstadium (S. 37) an die Küste gebunden. Das gilt sowohl für die Tiere der offenen Atlantikküste, West-Irlands und der Hebriden, als auch für den sehr verschiedenen Wassertypus der Küste von Kent. In ähnlicher Weise deuten Fänge mit Larvenstadien der Strandkrabben und Seepocken und die leeren Häute der Seepocken daraufhin, daß „ihre" Wassermasse von der Küste stammt.

Ein kleiner Cladocere (Abb. 24), *Podon polyphemoides* kann als Indikator für Nilwasser bis zur Küste Israels benutzt werden. Schildkröten, *Colopochelys kempi* wurden 1928 und 1934 von Mexiko nach West-Irland verdriftet, und wahrscheinlich sind auch noch andere Schildkröten, *Caretta caretta*, die man gelegentlich fand, mexikanischer Herkunft, da es nicht bekannt ist, daß sie sich in südeuropäischen Meeren fortpflanzen. Leder-Schildkröten, *Dermochelys coriacea* erreichten 1956 die nördliche Nordsee und die westnorwegischen Gewässer.

Tiefer lebende Planktonarten können als Indikatoren für aufsteigendes Tiefenwasser verwendet werden. Dafür gibt es Beispiele aus aller Welt.

Rund um die Britischen Inseln gibt es fünf große Wassermassen und jede von ihnen kann durch ihren Planktongehalt erkannt werden. Um diese Ausführungen nicht zu langatmig zu gestalten, seien nur wenige Leitformen als Beispiele hier angegeben. Einige von ihnen sind in Kapitel 4 und 5 abgebildet.

1. Das eigentliche Nordseewasser, die Irische See und ähnliche Ursprungsgebiete sind gekennzeichnet durch:

Sagitta setosa	Pfeilwurm
Labidocera wollastoni *Isias claviceps*	Copepoden

Tima bairdii *Eutonia indicans*	Medusen

2. Das Mischwasser von Atlantik und Schelf in der nördlichen Nordsee, Teilen der Irischen See, des Kontinentalschelfs von Britannien, Norwegen, Färöer, Island etc. enthält:

Sagitta elegans	Pfeilwurm
Metridia lucens *Candacia armata*	Copepoden
Thysanoessa inermis	Euphauside
Clione limacina *Spiratella retroversa*	Schnecke

3. Die Nord-Atlantische Drift führt:

Sagitta serratodentata	Pfeilwurm
Rhincalanus nasutus *Euchaeta hebes*	Copepoden
Laodicea undulata *Cosmetira pilosella*	Medusen
Lensia conoidea *Physophora hydrostatica* *Agalma elegans* *Dimophyes arctica*	Siphonophoren
Lepas spec.	gestielte Seepocken („Entenmuschel")
Salpa fusiformis *Dolioletta gegenbauri*	Manteltiere

4. Das Lusitanische Wasser (aus dem Gebiet von Gibraltar und der Biskaya) mit:

Sagitta lyra — Pfeilwurm

Siphonophoren (außer den unter 3. genannten)

Phyllosoma-Larven der Languste

Thalia democratica *Doliolina mulleri*	Manteltiere

5. Im Wasser arktischen oder borealen Ursprungs leben:

Sagitta maxima *Eukrohnia hamata*	Pfeilwürmer

Calanus hyperboreus *Metridia longa* *Pareuchaeta barbata*	Copepoden
Spiratella helicina	Schnecke

Dies geht allmählich über in das kalte Tiefenwasser unterhalb der Nordatlantischen Drift und hier kommen vor:

Sagitta macrocephala *Sagitta zetesios*	Pfeilwürmer
Gaetanus pileatus	Copepode
Amalopenaeus elegans	Decapode
Spiratella helicoides	Schnecke

Mit solchen Informationen sind wir beispielsweise in der Lage, das Einströmen und Vermischen von atlantischem Wasser in die Nordsee von Norden her zu verfolgen. Die Strömungen und ihre große Bedeutung für die Biologie der Meere wurden schon kurz in Kapitel 8 behandelt: Westlich der Britischen Inseln finden wir die Hauptmasse des atlantischen Wassers mit kosmopolitischem, ozeanischem Plankton, einschließlich der unter 3. angeführten Leitformen. Gerade jenseits der Schelfkante haben wir den Lusitanischen Strom. In manchen Jahren ist er kaum anzutreffen, in anderen wieder gut nachweisbar. Seine Leitformen sind unter 4. angegeben, mit weiteren Formen vermischt, sie aber nicht ersetzend. Man kann sie in einem gewöhnlichen Jahr westlich von Irland und Schottland und weiter dem Schelfrand folgend bis zum Färöer-Shetland-Kanal nachweisen. Das Plankton für die Abbildungen 41a und 41b stammt von diesem ozeanischen Wassergemisch. Viele der Leitformen sterben unterwegs und nur die widerstandsfähigsten Individuen erreichen die Orkneys oder Shetland. In Jahren ungewöhnlich heftiger Wasserbewegungen können sie selbst in der Nordsee gefunden werden, wie es in den Jahren 1953 und 1954 der Fall war. Fließt die Strömung sehr nahe am Schelfrand entlang, kommt es zu einer Vermischung mit dem flacheren Wasser des nördlichen Küstengebietes von Schottland bis zu den Orkneys. Das gesamte Wasservolumen dieses Lusitanischen Stromes ist sehr gering verglichen mit der Hauptwassermasse westlich Irlands, aber auf Grund seines

Planktons kann man ihn noch verfolgen, lange nachdem seine physikalischen Charakteristika verschwunden sind.

Der Hauptzustrom aus dem Atlantik durch den Färöer-Shetland-Kanal führt die mehr kosmopolitisch-ozeanischen Arten mit sich. Aber unterwegs kommt es zur Vermischung, die weniger toleranten Arten sterben ab und werden durch Arten ersetzt, die Mischwasser brauchen, z. B. *Sagitta elegans* oder *Metridia lucens* vor der Atlantikküste, sie weisen auf Vermischung von Küsten- und atlantischem Wasser hin. Aber dieselben Arten zeigen in der Nordsee, Irischen See oder anderen Schelfgewässern die Einmischung ozeanischen Wassers an.

Da Ursprungsgebiet und Fortpflanzung der planktonischen Arten miteinander verknüpft sind, erscheinen die Leitformen gruppenweise zur gleichen Jahreszeit und erwecken damit den Eindruck eines jährlichen Pulsierens der Wasserströme, was nicht unbedingt wahr sein muß. Die Ströme haben eigene Perioden maximaler und minimaler Wasserführung, die nicht immer mit dem periodischen Auftreten der Leitformen zusammenfallen.

Verfolgen wir das weitere Eindringen des Mischwassers in die Nordsee, so sind die eigentlichen ozeanischen Arten nicht mehr als Leitformen zu verwenden, da sie zum größten Teil abgestorben sind. Ihre Stelle nehmen dann die Formen des Mischwassers ein.

Salpen können in gleicher Weise vor der Ostküste Australiens verwendet werden, Pfeilwürmer vor Peru und im Nordpazifik und vor den Atlantikküsten Amerikas und Afrikas. Ozeanische Fische werden als Anzeichen für das Eindringen von Wasser in die Straße von Georgia zwischen Vancouver und der kanadischen Küste verwendet.

Einige Küstenformen, wie Seepocken und Napfschnecken, aber auch Bodentiere der freien See, lassen sich in ähnlicher Weise verwenden, und da ihre Verbreitung stetiger ist, zum Nachweis langfristiger gerichteter Veränderungen benutzen, die mit Klimaänderungen einhergehen. Vorsicht ist aber geboten, da einige Bodentiere, vom Menschen in eine neue Umwelt gebracht, überleben können. Die chinesische Wollhandkrabbe ist ein Beispiel dafür; sie wurde als erwachsenes Tier in deutsche Flüsse, wie die Elbe, gebracht, von wo sie sich allmählich weiter ausbreitete und

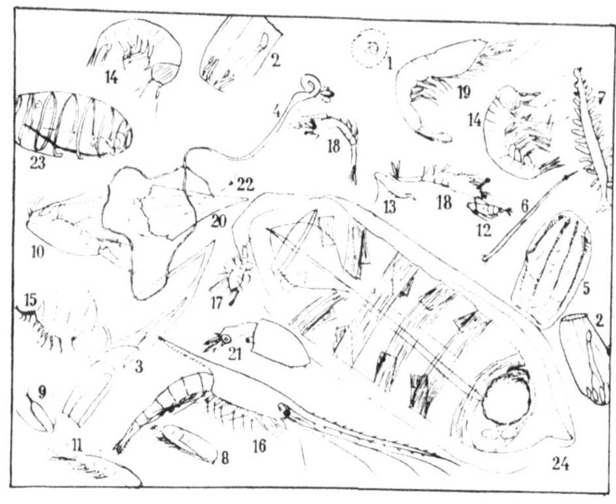

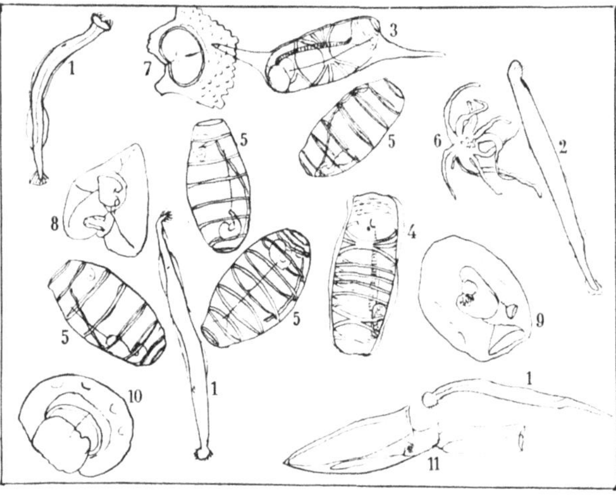

Schlüssel zu Abb. 41

Oben: 1. *Thalassicolla nucleata* (Radiolar); 2. *Aglantha digitale* (Meduse); 3. *Chelophyes appendiculata* (Siphonophore); 4. *Agalma elegans* (Siphonophore); 5. *Beroë cucumis* (Ctenophore); 6. *Sagitta serratodentata* (Chaetognath); 7. *Tomopteris septentrionalis* (Polychaet); 8. *Calanus hyperboreus* (Copepode); 9. *Eucalanus elongatus* (Copepode); 10. *Pareuchaeta barbata* (Copepode); 11. *Pareuchaeta norvegica* (Copepode); 12. *Scottocalanus securifrons* (Copepode); 13. *Undeuchaeta major* (Copepode, 5. Stadium); 14. *Themisto gracilipes* (Amphipode); 15. *Mimonectes loverni* (Amphipode); 16. *Gnathophausia zoea* (Mysidee); 17. *Sergestes* (Decapodenlarve); 18. *Sergestes* (junger Decapode); 19. *Amalopenaeus elegans* (Decapode); 20. *Clio pyramodata* (Pteropode); 21. *Brachioteuthis riseii* (junger Cephalopode); 22. Ophiopluteus-Larve (Schlangenstern); 23. *Doliolетta gegenbauri* (Doliolide); 24. *Iasis zonaria* (Salpe)

Unten: 1. *Sagitta lyra* (Chaetognath); 2. *Sagitta zetesios* (Chaetognath); 3. *Salpa fusiformis* (Kettenform, Salpe); 4. *Salpa fusiformis* (Einzelform, Salpe); 5. *Doliolетta gegenbauri*, Varietät *tritonis* (Doliolide); 6. Arachnactis-Larve der Seeanemone *(Cerianthus)*; 7. *Vogtia spinosa* (Siphonophore); 8. *Nectopyramis thetis* (Siphonophore); 9. *Rosacea plicata* (Siphonophore); 10. *Hippopodius hippopus* (Siphonophore); 11. *Chelophyes appendiculata* (Siphonophore)

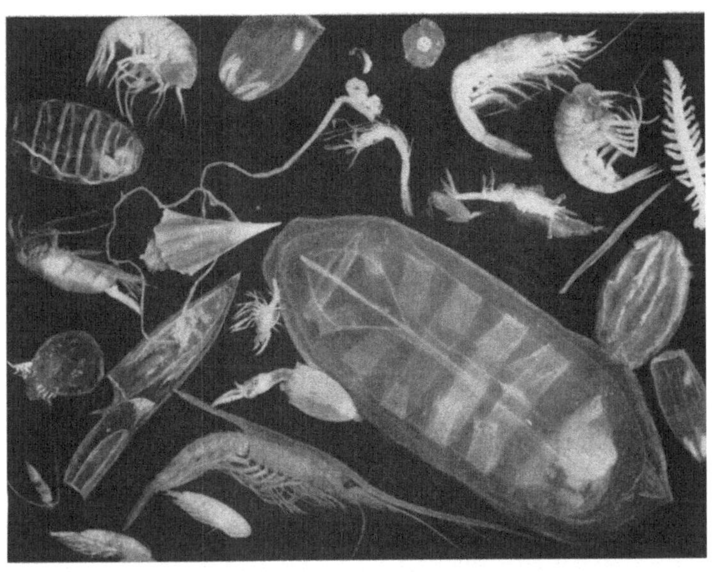

Abb. 41. Einige Vertreter des ozeanischen Planktons. Die untere Abbildung zeigt ein reicheres Vorkommen lusitanischer Arten

durch ihre Beschädigungen der weichen Uferbänke zur Plage wurde. Solche künstliche Verfrachtung ist selten bei Planktonorganismen, immerhin ist sie für die Diatomee *Biddulphia sinensis* nachgewiesen (S. 27).

Nur wenige Arten sind in diesem Kapitel genannt worden, die Liste könnte noch weiter ausgedehnt werden. Sogar viele mikroskopische Formen des Phytoplanktons könnten angeführt werden. Aber die leichte Bestimmbarkeit ist ein so großer Vorteil, daß Arten, die eine besondere Technik verlangen, nicht so gern als Leitformen verwendet werden.

Die Leitformen zeigen die Grenzen der verschiedenen Wassermassen und deren Vermischung an. Noch wichtiger ist aber, daß sie auf die unterwegs erfolgenden biologischen Veränderungen hinweisen. Im Haushalt der gesamten Planktongemeinschaft spielen die Leitformen quantitativ nur eine geringe Rolle. Als Indikatoren der verschiedenen Wassermassen, die sich in Fruchtbarkeit, Planktonproduktion, Fischnahrung und Fischvorkommen unterscheiden, sind sie aber für uns wichtig.

Auch Fische werden mitunter aus ihrer normalen Umgebung verdriftet und die Fischer begegnen nicht selten solchen Fremdlingen. Fischereiinstitute begrüßen es, solche seltenen Arten zu erhalten, tragen sie doch dazu bei, die immer wechselnden Bedingungen des Meeres zu verstehen.

Kapitel 12

Verhalten

Im vorigen Kapitel wurde betont, daß die Planktonorganismen, wie schon ihr Name sagt, von den Meeresströmungen verdriftet werden und daß ihre gerichtete Eigenbeweglichkeit gering ist. Sie können nicht gegen den Strom schwimmen oder Wanderungen durchführen wie Fische, die meisten Zooplankter sind aber doch zu bestimmten Bewegungen fähig. Vor allem schwimmen sie, um ihre Nahrung zu fangen, die Räuber lebhaft bei der Suche nach Beute, die Pflanzen- und Detritusfresser vielleicht ruhiger, um eine neue Weide zu finden. Wir sind so daran gewöhnt, daß fast alle Landtiere, besonders die Raubtiere, ihren

Gesichtssinn zur Nahrungssuche verwenden, daß es schwierig ist, sich vorzustellen, wie unwichtig der Gesichtssinn bei den im Wasser lebenden Tieren ist. Gewiß haben Knochenfische einen ausreichenden Gesichtssinn, ebenso die Tintenfische, deren Augen an Säugetieraugen erinnern. Einige Crustaceen haben zusammengesetzte (Facetten-) Augen, ähnlich denen der Insekten. Es ist sicher, daß viele Fische und Tintenfische ihre Augen zur Nahrungssuche verwenden. Viele der planktonischen Crustaceen aber, die ihre Nahrung filtern, benutzen ihre Augen mehr zum Bewegungs- als zum Formensehen und damit zur Flucht vor Feinden. Die meisten planktonischen Tiere sind ganz blind oder haben Augenflecke, die lichtempfindlich sind, aber kein Formsehen gestatten.

Da Wasser nur geringfügig kompressibel ist, verglichen mit Luft, ist es ein viel besseres Medium, um geringe Druckdifferenzen zu übertragen, und einer der wichtigsten Sinne bei Meerestieren ist ihr hoch entwickelter Tastsinn. Es scheint, daß sie damit in der Lage sind, Vibrationen im Wasser wahrzunehmen, die von den Bewegungen anderer Lebewesen hervorgerufen werden und möglicherweise auch Echos von Steinen und anderen Hindernissen, so daß sie deren Vorhandensein wahrnehmen und sie vermeiden können. Es ist unheimlich einen Pfeilwurm zu beobachten, der einen Copepoden jagt, wenn man sich vergegenwärtigt, daß beide keinen Gesichtssinn haben, und doch können Pfeilwürmer sogar schnell schwimmende Fische fangen; eine Meduse kann ihren dehnbaren Magen ausstülpen, um ein vorbeischwimmendes Fischlein zu greifen. Blinde Fische können in Aquarien schwimmen, ohne an die Wände zu stoßen.

Ebenso ist der Geruchsinn bei Meerestieren hoch entwickelt und leistungsfähiger als wir Menschen uns vorstellen.

Die Geschichte von den Aalen, die zu den Flüssen finden (S. 77) ist ein Beispiel hierfür. Viele Wassertiere finden ihre Nahrung oder ihre Geschlechtspartner durch den Geruchssinn und es lohnt sich, auf diese beiden verschiedenen „Duftquellen“ einzugehen; die eine, fremdartig und von toter oder lebender Nahrung herrührend, und die andere von Artgenossen stammend. Der Name Pheromone (griechisch: pherein = übertragen) gilt für solche Substanzen, die, von einem Individuum abgegeben, bei einem anderen der gleichen Tierart eine Reaktion hervorrufen. Die bekanntesten Pheromone sind wohl die von weiblichen Nachtfaltern in die Luft ausgeschiedenen Duftstoffe, die die Männchen aus ganz erstaunlichen Entfernungen anlocken. Zwar wissen wir sehr wenig über die Pheromone im Meer und ein weites Feld der Forschung liegt noch brach, es ist aber sehr wahrscheinlich, daß die gegenseitige Anziehung von weiblichen und männlichen Planktontieren durch Pheromone vor sich geht.

Tierisches Leuchten

Man nimmt an, allerdings ohne sicheren Beweis, daß auch die Laternenfische ihre Leuchtorgane dazu verwenden, den richtigen Geschlechtspartner zu finden. Sie haben Leuchtorgane, Photophoren, in speziellen Mustern angeordnet, die wir sehr nützlich bei der Bestimmung der Arten verwenden können. Das Leuchten der Photophoren kann auch dazu dienen, neugierige Fische in den Gesichtskreis der Laternenfische zu locken. Diesem Zweck dient sicher der „leuchtende Köder" des Anglerfisches (Seeteufel), der unmittelbar über dem weit klaffenden Maul hängt.

Tiefseefische sind nicht die einzigen planktonischen Lebewesen mit Leuchtorganen. Viele Tintenfische haben spezielle Muster von Leuchtorganen. Sieh in einer dunklen Nacht über die Reling eines Schiffes, besonders im Sommer und in höheren Breiten, jede kleine Welle erscheint leuchtend und jede Welle, die sich an der Küste bricht, zeigt einen Schimmer von Licht. Ein grünlicher Schimmer ohne bestimmte Lichtpunkte wird wahrscheinlich von Millionen von Dinoflagellaten erzeugt, jede einzelne zu klein für das bloße Auge. Winzige Lichtpunkte rühren von den größeren Dinoflagellaten *(Noctiluca)* oder von kleinen Copepoden her. Stärkere und mehr bläuliche Blitze stammen von großen Copepoden, Euphausiden, planktonischen Würmern oder kleinen Fischen. Eine große Scheibe von fahlem Licht ist wahrscheinlich eine einzelne Meduse. Ebenfalls leuchtend sind Rippenquallen und besonders brillant sind *Pyrosoma*-Kolonien (S. 65). Man könnte beinahe fragen, ob es überhaupt Planktonorganismen gibt, die nicht leuchten.

Ein letztes Beispiel mariner Lumineszenz, zwar nicht planktonisch, aber so verbreitet, daß es nicht übersehen werden kann, ist das durch Bakterien hervorgerufene Leuchten bei verderbendem Fisch. Wenn man Fisch zu lange liegen läßt, beginnt er im Dunkeln schillernd zu leuchten. Die Spuren solcher Fische auf der Arbeitskleidung der Fischer haben oft Anlaß zu Spukgeschichten gegeben.

Wir müssen noch eine Menge über die Biolumineszenz lernen. Sie wird gewöhnlich durch Wasserbewegung ausgelöst. Allerdings gibt es dunkle Nächte, wo wir kaum Lichtpunkte wahrnehmen, obschon Plankton und Wasserbewegung vorhanden sind. Mitunter kann man auf See ein Aufleuchten im gleichen Rhythmus mit der Schiffsschraube beobachten. Schwer zu verstehen ist die Reaktion auf das Schiffsradar. Das Leuchten verschwindet beim Ausschalten des Radars, als ob irgendetwas in der Radarstrahlung die Organismen dazu veranlaßte, aufzuleuchten. Zu anderen Zeiten kann man Lichtblitze über das Wasser eilen sehen in einer Geschwindigkeit von 100 km/Std., wahrscheinlich ausgelöst durch elektrische oder magnetische Bewegungen in der Erde.

Was sind Photophoren und wie arbeiten sie? Meist bestehen sie aus einem kugelförmigen Gebilde mit einem silbrigen Reflektor dahinter und einer transparenten Linse davor, so daß ein Maximum an Ausnützung gewährleistet ist. Nur 10% der Energie gehen als Wärme verloren. Einige Photophoren arbeiten mit Hilfe einer chemischen Umsetzung, die Licht erzeugt, offenbar unter der Kontrolle des Tieres. Andere bestehen aus Zellen, die Leuchtbakterien enthalten und durch einen Verschluß, ähnlich dem Augenlid, kontrolliert werden können. Einige Tintenfische können die Farbe ihres Leuchtens verändern, indem sie eine rote Haut darüber decken. Die meisten Photophoren sind nach unten gerichtet und man weiß eigentlich nicht warum. Im Gegensatz zu diffus über den ganzen Körper verteilter Phosphoreszenz scheinen die Photophoren am meisten verbreitet bei Organismen, die in mittleren Tiefen leben und nach Dunkelwerden zur Oberfläche wandern (s. u.). Eine plausible Erklärung dafür wäre, daß ein Organismus von unten gesehen als schwarzer Umriß gegen den leuchtend blauen Hintergrund erscheint. Bläuliche Photophoren unter dem Körper neutralisieren diesen Effekt, wären aber die

Photophoren auf dem Rücken, würde sich das Tier gegen den schwarzen Hintergrund der Tiefe bloßstellen. Das ist tatsächlich dieselbe Art der Anpassung, die einen Fisch von unten silbrig und von oben dunkel erscheinen läßt.

Tagesperiodische Wanderungen

Viele Arten wandern nachts zur Oberfläche und tagsüber in tiefere Wasserschichten. Es besteht kein Zweifel, daß hier Beziehungen zur Lichtintensität vorhanden sind, wenn auch ein Großteil der Arten im herkömmlichen Sinne blind ist. Dennoch sind sie sehr lichtempfindlich und können ein Übermaß an Licht nicht vertragen. In dem Bestreben, sich in ihrem Lichtoptimum aufzuhalten, bleiben sie tagsüber in der Tiefe, aber bei Sonnenuntergang beginnen sie aufzusteigen und erreichen bei Dämmerung die Oberfläche. Bei vollkommener Dunkelheit fehlt ein richtender Reiz und sie sind verstreut. Bei Morgengrauen sammeln sie sich nahe der Oberfläche, um bei zunehmendem Licht wieder in die Tiefe zu gehen (Abb. 42). *Calanus*, ein Copepode, durchwandert täglich eine Strecke von hundert Metern. Obschon nur etwa 3 mm groß, kann er 15—20 m in der Stunde aufsteigen und in einer dreimal so großen Geschwindigkeit absinken. Der große Euphauside *Meganyctiphanes* kann 100 m in der Stunde steigen und 140 m in der Stunde sinken; in kurzen Zweiminuten-Stößen taucht er mit einer Geschwindigkeit von 230 m pro Stunde.

Ein weiterer Anlaß für tägliche Wanderungen mag die Selbstverteidigung sein. Es gibt Organismen, die bei Nacht zur Oberfläche kommen, um sich Nahrung zu suchen, bei Licht aber wieder in die Tiefe sinken, um sich vor Räubern zu schützen, die bei der Jagd sehen müssen.

Arten mit Tageswanderungen haben oft eine längere Lebensdauer (1—3 Jahre gegenüber 1—3 Monate) und produzieren andererseits weniger Eier als solche, die nicht wandern. Die Erzeugung einer großen Anzahl von Eiern in kurzer Zeit verlangt eine entsprechende, zusätzliche Nahrungsaufnahme und die nichtwandernden Arten erreichen das, indem sie sich in Regionen maximaler Nahrungsvorkommen aufhalten. Das Überleben einer Art wird einerseits gesichert durch die Fähigkeit, nicht gefangen

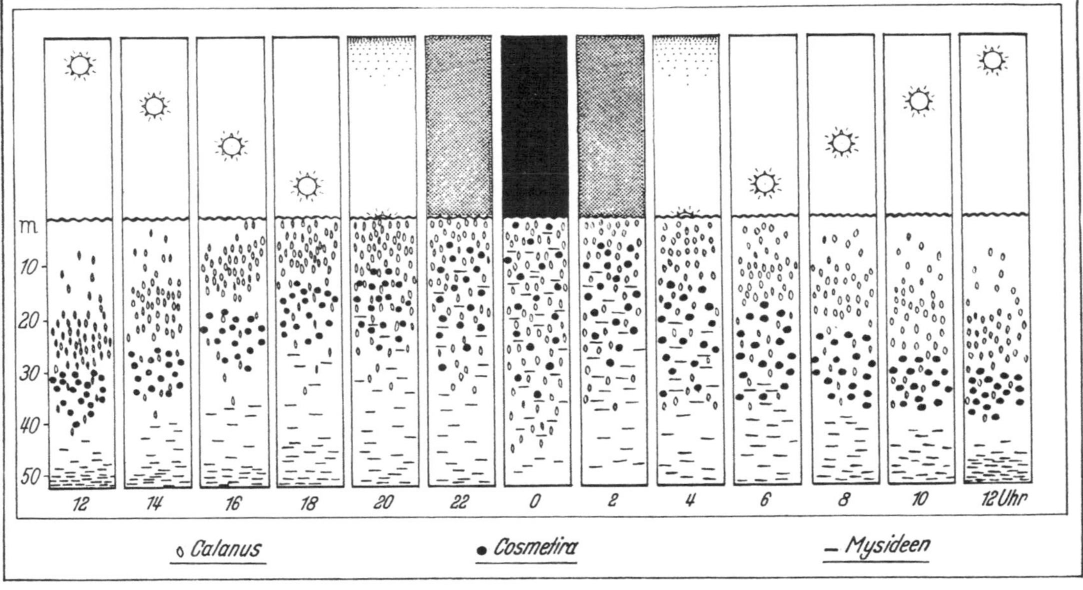

Abb. 42 Schema der tagesperiodischen Vertikalwanderung dreier wichtiger Planktonarten
a) Copepode, b) Meduse, c) Mysidee. Nach RUSSELL

zu werden, und auf der anderen Seite durch eine sehr reichliche Eiproduktion.

Auf- und absteigende Arten, die durch Strömungen in Flachwasser verdriftet werden, wo sie bei Tage nicht in die dunkle Tiefe sinken können, tragen zur Ernährung von Kabeljau, Schellfisch und anderen Fischen bei, die normalerweise weniger vom Plankton leben als pelagische Fische wie der Hering.

Vertikalwanderungen bedeuten für Pflanzenfresser, wie *Calanus*, daß sie sich nachts nahe der Oberfläche inmitten des Phytoplanktons aufhalten und tags in die Tiefe sinken, wo ihre Stoffwechselabfälle die tieferen Wasserschichten anreichern. Weil die Oberflächen- und Tiefenströme nicht gleich gerichtet sind, treffen die Tiere in der nächsten Nacht nicht wieder den gleichen Wasserkörper. So sind die Vertikalwanderungen nützlich für die Ausbreitung der Art. Es gibt aber auch Fälle, in denen sie dafür sorgen, daß das Plankton in ein und demselben Gebiet bleibt. Das gilt z. B. für das Plankton in der Umgebung einer Insel: Bei kaltem Wetter kühlt das Wasser ab und sinkt in küstenfernere, tiefe Zonen. Dabei nimmt es das Plankton mit. Bei Nacht aber wandert das Plankton wieder in das Oberflächenwasser, das küstenwärts treibt.

Die Lichtintensität ist nicht der einzige Faktor, der die Tageswanderungen steuert. Manchmal kann man *Calanus* am hellen Mittag bei ruhigem Wetter an der Oberfläche tanzen sehen. Versuche zeigten, daß zu anderen Zeiten ein paar Stunden Sonnenschein tödlich sind. Zwar konnte sich *Calanus* nach 4 Stunden Beleuchtung manchmal wieder erholen, niemals aber nach 8 Stunden!

Was für den einen Organismus die optimale Lichtintensität ist, muß sie nicht auch für einen anderen sein. Wenn das Plankton der oberen Wasserschichten nachts zur Oberfläche aufsteigt, nehmen tiefer lebende und das Dunkel bevorzugende Arten seine Stelle ein, während schnellere Schwimmer, wie Laternenfische, Tintenfische und Euphausiden aus ganz tiefem Wasser dagegen bis zur Oberfläche schwärmen. Das Phänomen der tagesperiodischen Wanderungen gibt es auch in sehr tiefem Wasser. Diese Schichten sind nicht leicht mit Schließnetzen zu untersuchen, man kann aber die Verhaltensweise der Tiefseetiere gut vom Echographen ablesen (Abb. 43).

Das Echolot wurde ursprünglich für Navigationszwecke konstruiert. Seine Hauptaufgabe ist es, die Wassertiefe unter dem Schiff anzuzeigen. Es sendet Schallimpulse aus, die vom Meeresboden zurückgeworfen und an Bord des Schiffes elektrisch verstärkt werden. Die Zeit, die der Impuls für den Weg zum Meeresboden und zurück braucht, ist ein genaues Maß für die Wassertiefe. Der elektrische Impuls kann auf einem sich langsam bewegenden Papier sichtbar gemacht werden, so daß man ein laufendes

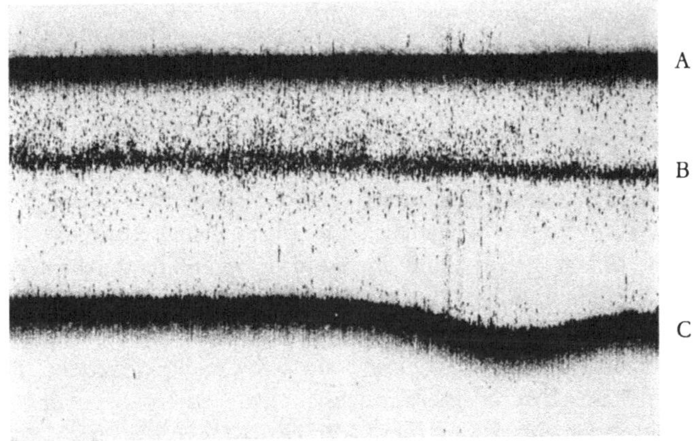

Abb. 43. Echogramm. Aufgenommen von FFS „Anton Dohrn". A Wasseroberfläche. B Großplankton im Oberflächenwasser und in der Sprungschicht. C Meeresboden, darüber einzelne Fische

Abbild des Meeresbodens erhält. Ist das Instrument empfindlich genug, erhält man ein Echo von jedem Hindernis zwischen Schiff und Meeresboden, wie z. B. einem Fischschwarm. Ob ein Echo empfangen wird oder nicht, hängt von der Empfindlichkeit des Instrumentes ab, und von der Größe und Beschaffenheit des Hindernisses. Fische mit Schwimmblasen geben sehr gute Echos. Leider sind Quallen und viele andere planktonische Organismen in ihrer Zusammensetzung so sehr dem Seewasser ähnlich, daß sie keine guten Schallreflektoren sind. Einige der größeren Plankter, wie Tintenfische und die hartschaligen Garnelen, können gute

Echos geben, ebenso sehr kleine planktonische Fische, wenn sie Schwimmblasen haben.

Das Echolot kann für Beobachtungen tagesperiodischer Wanderungen solcher Plankter verwendet werden, die genügend Echo geben, um es bei hoher Verstärkung auf dem Registrier-Papier aufzuzeichnen. Statt in Laboratorien, können wir auf diese Weise die Vertikalbewegungen des Planktons in See unter natürlichen Bedingungen beobachten und das Verhalten in mondhellen und dunklen Nächten verfolgen. Der Echograph zeigt auch das Vorhandensein einer Tiefenstreuschicht („deep scattering layer"), einer Schicht von „irgendetwas" an, das noch nicht gründlich untersucht wurde. Aus den mittleren Schichten aller Ozeane wird Schall zurückgeworfen. Die Tiefenstreuschicht steigt täglich auf und ab, von etwa 750 m während des Tages zu 180 m oder weniger des nachts, oftmals erreicht sie sogar die Oberfläche. Wegen ihrer sehr regelmäßigen Tageswanderungen müssen wir sie als eine „lebende" Schicht betrachten und nicht als ein physikalisches Phänomen in der Vertikalverteilung von Temperatur oder Salzgehalt. Da die meisten Plankter keine guten Echos geben, sind es wohl größtenteils kleine Fische mit Schwimmblasen, aber auch Euphausiden und andere größere Planktontiere, die die Anzeigen liefern. Sie können natürlich mit einer großen Anzahl nichtreflektierender Tiere in Gemeinschaft leben. Tatsächlich mag es so sein, daß die Planktongemeinschaften den Lichtbedingungen folgend auf- und niedersteigen, und die schallreflektierenden Fische dieser Nahrungsquelle folgen.

Als man daran ging, die Nachwirkungen der Bikini-Atomexplosion zu untersuchen, zeigte sich ein höchst seltsames Phänomen. Am ersten Tag war der Strahlungsspiegel der Schiffe in der Umgebung nicht sehr groß, aber während der Nacht nahm er allmählich zu. Den Schlüssel liefert die Tageswanderung des Planktons. Die Mikroorganismen der Lagune, von der Strahlung betroffen, nahmen entsprechend ihrer geringen Größe nur eine kleine Dosis auf. Als sie nachts zur Oberfläche aufstiegen und den am Schiff festsitzenden Seepocken in großer Menge als Nahrung dienten, vermehrten sie den Strahlungspegel des ganzen Schiffes.

Das „Schweben“ der Planktonorganismen

Die Vertikalbewegungen des Planktons lassen die Frage nach seiner Schwebfähigkeit aufkommen. Protein und Skeletteile, oft die wichtigsten Körperbestandteile des Planktons, sind schwerer als Wasser und totes Plankton sinkt sehr schnell ab. Wie kann das Plankton seine Lage halten oder verändern in Anpassung an die sich wandelnde Umwelt?

Wie in Kapitel 3 erwähnt, ist das pflanzliche Plankton klein und trägt vielfach lange Fortsätze, so daß seine Oberfläche im Verhältnis zum Gewicht sehr groß ist. Einige Plankter enthalten Öltröpfchen, die die Schwebefähigkeit vergrößern, während das sehr kleine Nanoplankton so beweglich ist, daß es aktiv zum Licht schwimmen kann.

Die tierischen Plankter sind meist viel beweglicher und viele halten ihre Position, indem sie ruckweise aufwärts schwimmen und in der Ruhephase wieder absinken. Viele müssen sich allerdings ständig bewegen. Fische mit Schwimmblase können durch Verändern der Gasmenge ein echtes Gleichgewicht zum Wasser halten. Fische ohne Schwimmblase sind meist Tiefseefische mit reduzierten Skeletteilen und hohem Fettgehalt, der ihr Gewicht verringert; ihre Körperflüssigkeit ist weniger salzig als Seewasser, was ihnen Auftrieb verleiht. Ihre Muskeln, die hauptsächlich aus dem relativ schweren Protein bestehen, sind reduziert und schwach, weil diese Fische ihrer Beute auflauern anstatt sie zu jagen.

Der Schulp der *Sepia* (der oft Kanarien- und anderen Käfigvögeln zum Schnabelwetzen gegeben wird) ist sehr leicht und hat gasgefüllte Hohlräume, die dem Tintenfisch Auftrieb verleihen. Ein Tiefseetintenfisch erhält seinen neutralen Schwebezustand durch eine große Körperhöhle, die zwei- bis dreimal so groß ist wie der Rest des Tieres und angefüllt ist mit einer Flüssigkeit, leichter als Seewasser. Das ist möglich, wenn das Natrium des Seesalzes durch Ammonium-Ionen ersetzt wird, die als Exkretionsprodukt anfallen.

Einige Siphonophoren erzeugen gasgefüllte Schwimmglocken (Abb. 19). Viele Copepoden und andere Crustaceen speichern Öl oder Fett, besonders in kälterem Wasser mit reichem Futter, aber sie müssen sich auf ihre eigenen Muskelreserven verlassen, wenn weniger Nahrung vorhanden ist. Da warmes Wasser eine geringere Dichte hat als kaltes, haben die Tiere im warmen Wasser mehr zu tun, sich vor dem Absinken zu bewahren als in kaltem Wasser. Lange, federähnliche Haare wie bei manchen tropischen Diatomeen vergrößern die Oberfläche und damit den Reibungswiderstand. Copepoden derselben Art sind z. B. in den Tropen viel stärker behaart als in kaltem Wasser, und diese Haare sind oft zu kleinen Federn umgebildet.

Im allgemeinen jedoch halten oder verändern die Plankter ihren Schwebezustand durch ununterbrochene, eigene Anstrengungen. Diese mögen durch Augenblicke der Ruhe unterbrochen werden, dann aber muß das Absinken durch vermehrten Aufwand wieder ausgeglichen werden. Es gibt keine wirkliche Ruhe für sie, und für so viele von ihnen liegt der Meeresboden in ewiger Dunkelheit etwa 3000 m unter ihnen, ein sehr ungastlicher Lebensraum, außer für solche, die an ihn speziell angepaßt sind.

Kapitel 13

Plankton für die menschliche Ernährung

Das Leben im Meer wird vom Plankton bestimmt und so liegt es nahe zu fragen, ob das Plankton wirtschaftlich genutzt werden kann, sei es direkt als Nahrungsmittel für den Menschen, sei es als Viehfutter, womit ebenfalls der menschlichen Ernährung gedient wäre. Es gibt einige wenige wirtschaftlich erfolgreiche Unternehmungen des gezielten Planktonfanges, man sollte sie aber besser als Fischerei bezeichnen, z. B. die Mysideenfischerei in Indien, die Fischerei auf *Meganyctiphanes* im Mittelmeer und die Fischerei auf die größten planktonischen Garnelen (Penaeidae) in den Tropen. Jede dieser Fischereien ist auf den Fang ziemlich großer Crustaceen ausgerichtet, die oft mit Hilfe von Licht angelockt werden; es handelt sich also hierbei nicht um wahlloses Sammeln von Plankton.

Wir sahen auf S. 111, daß die Weltfischerei nur 0,03% der 150 Milliarden t pflanzlicher Urproduktion als Fisch fängt. Können wir nicht etwas von den verlorenen 99,97% nutzen?

Nach geeigneter Vorbehandlung könnte das Phytoplankton ein ausgezeichnetes Grünfutter liefern.

Die Gewinnung von Meeresplankton für Nahrungszwecke kann unter zwei ganz verschiedenen Gesichtspunkten betrachtet werden: Als Notnahrung für Schiffbrüchige oder als ein großwirtschaftliches Unternehmen für die Ernährung der ständig wachsenden Menschheit.

Der Schiffbrüchige in seinem Rettungsboot oder Floß braucht zum Überleben Wasser, Nahrung und Vitamine. Plankton kann das alles bieten, wenn auch nicht in idealer Form. Dr. ALAIN BOMBARD ließ sich 1952 in den offenen Atlantik treiben, um zu zeigen, daß der Mensch überleben kann, wenn er ausschließlich von dem lebt, was die See ihm bietet, und zwar viel länger als 10 Tage, wie man bisher annahm. Während der ersten Tage trank er kleine Mengen Seewassers, das ist aber nur erträglich, solange der Körper seinen normalen Wassergehalt besitzt. Später ist jede Aufnahme von Seewasser sehr schädlich. Seewasser enthält etwa 3½% Salz. Unsere Nieren werden aber nur mit etwas mehr als 1% fertig. Und dieser Wert ist schnell im Blut erreicht, wenn die natürlichen Wasserverluste des Körpers nicht ersetzt werden. Die Aufnahme weiteren Salzes kann zum Tode führen infolge akuter Nierenentzündung. Dr. BOMBARD nahm an, daß das normale Blut, das weniger als 1% Salz enthält, solange Seewasser aufnehmen kann, bis die Grenze der erträglichen Salzkonzentration erreicht ist. Durch diese Wasseraufnahme würde der Beginn der Austrocknung des Körpers verzögert.

Die Körperflüssigkeit von Fisch und Plankton enthält meist weniger Salz als das Seewasser, so kann man sie zur Erhöhung des eigenen Wassergehaltes verwenden. Fischsäfte sind in ihrem niedrigen Salzgehalt relativ einheitlich, Planktonsäfte weniger wegen der sehr unterschiedlichen Zusammensetzung des Planktons.

Plankton ist eine gute Nahrung, reich an Protein und Fett, vielleicht nicht ganz so gut wie Fisch. Wenn Fisch nicht zu haben ist, tragen kleine Mengen Plankton dazu bei, die Chancen für ein Überleben zu vergrößern. Der Genuß von Plankton in großen Mengen ist nicht ungefährlich, da sein Geschmack manchmal die Seekrankheit fördert oder sonst nicht verträglich ist, auch kann sich sein überreicher Fett- und Vitamingehalt sehr unangenehm auswirken. Es ist für den Schiffbrüchigen ratsam, etwas Plankton zu sich zu nehmen, selbst wenn Fisch reichlich vorhanden ist, denn Plankton enthält Vitamin C, das dem Fisch fehlt. Fischleber ist reich an Vitamin A.

Die besten Fänge macht man des Nachts. Ein kleines Planktonnetz kann dann oft über Leben und Tod entscheiden. Dr. BOMBARD überstand 65 Tage auf seiner Floßreise von den Kanarischen zu den Westindischen Inseln. 23 Tage lang hatte er keinen Regen; während der ersten 14 Tage trank er Seewasser, dann Fischsäfte. Zusätzliche Planktondiät befriedigte seinen Vitaminbedarf. Man kann nicht sagen, daß es eine vergnügliche Reise war, aber er erreichte lebend sein Ziel und erholte sich zumindest so weit, daß er sein Buch schreiben konnte. Sein früher Tod ist aber wenigstens teilweise auf die schweren Entbehrungen zurückzuführen.

Bevor wir das Plankton als mögliche Lösung des Welternährungsproblems betrachten, müssen wir auf einige Schwierigkeiten hinweisen. Das Hauptproblem liegt tatsächlich bei den Fangmethoden, nicht so sehr im biologischen als im technischen Bereich, nämlich der Trennung des Planktons von Seewasser und Salz. Die oft gebrauchte Rede vom Meer als Planktonsuppe hat wenig zu tun mit der Wirklichkeit; das gesamte Planktonvolumen, verglichen mit der Wassermenge, in der das Plankton lebt, ist außerordentlich klein.

Ein Hauptproblem liegt in der Handhabung der ungeheuren Wassermengen und in der Beschaffung der dazu nötigen Energie, gleichgültig ob wir Netze oder eine Zentrifuge verwenden. Die Energiekosten bilden einen wichtigen Posten in der Profitrechnung, billige Energie ist verfügbar in Flußmündungen und Buchten mit starkem Gezeitenhub. Oft ist hier aber mehr Schlamm als Plankton vorhanden, das Planktonvorkommen ist nicht stabil, mal ist es ziemlich reich, mal sehr arm, oder man fängt fast nur Rippenquallen, die zu weit mehr als 90% aus Wasser bestehen. Die besten und zuverlässigsten Fundorte für Plankton sind die Kaltwassergebiete der Arktis und Antarktis, weit entfernt von den Verbrauchszentren und Kraftwerken.

Dies führt uns zur nächsten Schwierigkeit, der Konservierung. Gefangenes Plankton hält sich nicht lange. In den Tropen kann es in einer Stunde verderben. Beim Transport aus der Arktis kann man es nicht im Fischraum auf Eis lagern. Plankton muß tief gefroren oder besser noch unverzüglich getrocknet werden etwa in derselben Weise wie man Trockenmilch herstellt. Die Maschinerie mit der dafür benötigten Energie und das Bedienungspersonal müssen am Fangplatz sein, was zusätzliche Kosten bedeutet.

Welche Art von Filtergerät sollen wir verwenden? Hier macht uns die Wahl der Maschengröße Schwierigkeiten. Da das Plankton einen so weiten Größenbereich hat, gibt es keine ideale Maschengröße; entweder wir nehmen feine Maschen und versuchen möglichst viel Plankton aus einer notgedrungen sehr kleinen Wassermenge zu fangen oder wir fangen mit weiteren Maschen nur die größeren Tiere aus einer größeren Wassermenge.

Das Problem bleibt auch bei Verwendung einer Zentrifuge dasselbe. Die größeren Organismen können wir durch kurzes oder langsames Schleudern extrahieren; um auch die kleinen Organismen zu gewinnen, müssen wir länger oder schneller schleudern.

Um Plankton in größeren Mengen zu gewinnen, genügt es nicht, unser Planktonnetz, mit dem wir biologische Proben fangen, zu vergrößern. Riesige Planktonnetze bieten einen großen Schleppwiderstand, sie sind sehr empfindlich und werden durch die Sturzseen leicht zerrissen. Es ist kaum möglich, ein großes, feinmaschiges Netz vom Schiff aus oder im Tidenstrom zu handhaben, besonders bei schlechtem Wetter. Und das Wetter ist oft schlecht, wo das Plankton am besten ist!

Die beste Methode würde wohl sein, einen künstlichen Riesenhai oder Wal zu bauen, ein Schiff mit einem nur unter Wasser offenen Maul, um nicht allen treibenden Abfall wie Holzstämme, Stroh, Seegras, Flaschen und Federn einzusammeln. Das offene Maul sollte zu feinmaschigen Trommeln aus Monel-Gaze führen, die sich drehen, um das Verstopfen der Maschen einzuschränken. Das Plankton würde kontinuierlich durch dieses Gerät geleitet, an dessen Ende es durch Pumpen extrahiert und konzentriert werden könnte. Später müßte das Plankton wieder verdünnt werden, um vor dem Trocknungsprozeß den Überschuß an Salz zu entfernen, andernfalls würde das Seesalz erneut Wasser anziehen. Es ist nicht möglich, das Salz vollständig zu entfernen, daher muß das getrocknete Plankton in luftdichten Behältern aufbewahrt werden. Um den Filtereffekt zu erhöhen, müßte die Schiffsschraube im hinteren Teil des beschriebenen Planktontunnels angebracht sein. Diese Art Schiff könnte Plankton in großen Mengen fangen, aber würde es wirtschaftlich arbeiten? Bau und Ausrüstung dieses Schiffes würden wohl die doppelten Kosten verschlingen wie bei einem normalen Fischdampfer. Wegen seiner Form und wegen der Widerstand leistenden Filter würde es auch mehr Treibstoff verbrauchen. Hinzu kommt die Tatsache, daß die empfindlichen Teile dieses Schiffes nur im Trockendock in Ordnung gehalten und repariert werden könnten, was extra Zeit und Geld kostet.

Nehmen wir einmal an, unser Schiff hätte dieselben Ausmaße wie ein Fischdampfer, so würde die Fangöffnung etwa 5 m^2 betragen, das wäre das Siebenfache eines 1-m-Planktonnetzes; das Schiff könnte 24 Stunden pro Tag bei 6 Knoten Fahrt fischen, das wäre 2000 mal soviel pro Tag als das Planktonnetz in $1/4$ Stunde bei 2 Knoten Fahrt fängt. Man kann sagen, daß das 1-m-Planktonnetz bei mittlerer Planktonkonzentration etwa 100 g fängt, oft wird es sogar noch weniger sein. In einem reichen Gebiet mögen es 2 kg sein, der Durchschnitt liegt auch hier bei weniger als 1 kg. Bei je 5 Tagen An- und Heimreise durch dürftige Planktongebiete und 11 Tagen in einem reichen Gebiet, könnte unser Schiff auf einer 3-Wochenreise etwa 22 t Plankton fangen (knapp 3 t Trockenmasse). Ein Fischdampfer würde auf derselben Reise um 100 t (Naßgewicht) Kabeljau fangen. Er würde mit der Hälfte der Kosten auskommen und einen größeren Markterlös erzielen. In unseren heimischen Gewässern scheint der Planktonfang keine wirtschaftlichen Aussichten zu haben. Das soll nicht heißen, daß es immer so sein wird. In den planktonreichen peruanischen Gewässern sind die Aussichten viel besser, aber auch dort ist es leichter, Fische zu fangen.

Schleppt z.B. ein konventioneller Trawler einige große Planktonnetze, sagen wir 6 Netze von 2 m Durchmesser, so würden sich die Kosten für eine t Trockenplankton auf etwa 20000 DM belaufen. Bezogen auf den Proteingehalt ist das etwa das 20fache des Fischpreises. Diese Betrachtung vernachlässigt alle psychologischen Hindernisse und die ernsten Gefahren, die durch unbekannte Gifte und Vitaminüberschüsse entstehen und den Marktwert des Planktons herabsetzen können.

Welchen Anteil können wir nun bestenfalls aus den vielen Millionen t Plankton aller Weltmeere herausfiltern? Die meisten Planktonorganismen gehen durch unsere Filter, günstigenfalls halten wir $1/3$ zurück. Aber welchen Anteil des Meeres könnten wir tatsächlich filtern?

Ein englischer Vers lautet: If all the sea / were one sea / that would be / 1370232000000000000000000 cc, d.h. das Weltmeer faßt etwa $1{,}4 \times 10^{24}$ Kubikzentimeter Seewasser.

Hätten wir 10000 extrem wirtschaftlich arbeitende Filterstationen, von denen jede 20 Millionen Liter pro Tag verarbeiten würde, so wären etwa eine Million Jahre nötig, das ganze Weltmeer einmal zu filtrieren. So wie die Dinge im Augenblick liegen, ist es für uns viel besser, wir lassen die Natur für uns arbeiten und die Fische das Plankton fressen, direkt oder indirekt. Manche haben einen 24-Stunden-Tag und sicherlich eine 7-Tage-Woche ohne Überstundenbezahlung und ohne Lohnkämpfe. So lohnt es sich für uns, Fisch statt Plankton zu fangen, selbst wenn unsere Fänge nur 0,03% (bei rationeller Nutzung der Fischbestände etwas mehr) der Meeresproduktivität erfassen.

Wenn sich im Laufe der Zeit die Kosten für den Planktonfang senken und ein neuer Fangmechanismus erfunden würde oder wenn man aus Plankton ein wertvolles pharmazeutisches Präparat herstellen könnte, würden natürlich unsere Argumente gegen einen kommerziellen Planktonfang fraglich werden.

Mit dem Anwachsen der Erdbevölkerung und der Notwendigkeit, Nahrungsmittel zu beschaffen, wird man dazu übergehen müssen, Plankton um jeden Preis zu fangen, ungeachtet der ökonomischen und finanziellen Bedenken. Mit dem Herannahen des atomaren Zeitalters könnte die Energiebeschaffung für den Planktonfang eher möglich sein, während die konventionellen Energiequellen genauso knapp werden wie die Nahrung.

Kapitel 14

Düngung des Meeres

Können wir statt Plankton als Nahrung zu fangen, das Meer künstlich düngen, um das Planktonwachstum und damit die Fischbestände zu fördern?

Düngung für die Fischzucht ist in der Tat sehr erfolgreich in den Süßwasserteichen Europas, des Mittleren und Fernen Ostens, dort sowohl in dafür eingerichteten Fischteichen als auch auf Reisfeldern. Kann dasselbe Prinzip auch im Meer angewendet werden? Bevor wir versuchen, diese Frage zu beantworten, müssen wir die Faktoren untersuchen, die eine Fischzucht erfolgreich machen. Die besten Ergebnisse hat man bis jetzt in warmen Ländern erzielt, und zwar in Teichen oder Seen mit stehendem Wasser oder geringem Zufluß, dabei wird das Düngemittel im Gewässer gehalten und ist unter Kontrolle. Die Fische in diesen Teichen sind überwiegend Pflanzenfresser.

Die meisten Meeresfische sind Räuber und ernähren sich von Tieren, die mindestens 2 oder 3 Stufen von der pflanzlichen Urproduktion entfernt sind; die Nahrung der bodenlebenden Fische ist sogar 4 oder mehr Stufen entfernt. Wie in Kapitel 10 gesagt, werden wohl nur etwa 10% der aufgenommenen Nahrung in die nächste Stufe der Nahrungskette übernommen, so daß ein viel stärkeres Pflanzenwachstum nötig ist für die gleiche Ertragssteigerung bei räuberischen Fischen wie bei Pflanzenfressern. Diese Extrastufen in der Nahrungskette bergen die Gefahr in sich, daß einige Glieder sich planwidrig verhalten.

Wegen der Größe des Meeres ist es ratsam, unser Problem auf drei verschiedenen Ebenen zu betrachten: 1. Die kleinen, fast abgeschlossenen Wasserkörper mit geringem Wasseraustausch, wie flache Fjorde oder die Lochs der schottischen Westküste, wo Experimente bereits durchgeführt wurden, 2. verhältnismäßig kleine offene Buchten mit freiem Wasseraustausch und 3. das Meer selbst.

Die erste Frage ist, was geschieht mit den Düngemitteln, werden sie aufgenommen oder weggespült? Experimente haben gezeigt, daß der Dünger sehr schnell aus dem Wasser verschwindet, mitunter in weniger als einer Woche. Teilweise sind es die

Pflanzen, die ihn sofort verwenden, teilweise Muddpartikel, an denen der Dünger haften bleibt und nur langsam wieder frei wird. Das bedeutet, daß der Dünger am Ort festgehalten und nicht fortgespült wird, wie man vielleicht annehmen könnte.

In kleinen, geschlossenen Buchten sind die Verluste daher zu vernachlässigen, wenn auch der Dünger nicht zu unserer vollen Zufriedenheit ausgenutzt wird. Es finden sich hier meist reiche Vorkommen am Boden festsitzender Algen, die einen größeren Vorteil durch die Düngung haben als das Plankton. Der vom Mudd festgehaltene Dünger wird so langsam freigegeben, daß man ihn als zeitweilig verloren ansehen muß. Es ist schwierig, den genauen Betrag anzugeben, der vom Plankton genutzt wird, es ist sicher nur ein kleiner Teil und nur dieser kommt den Fischen zugute.

Hinzu kommt, daß es in den engen Buchten zwar viele Grundeln und andere kleine Küstenfische gibt, aber wenig gute Nutzfische. Wir müßten also das Fischunkraut entfernen und es durch aus anderen Meeresteilen stammende oder in Fischbrutanstalten aufgezogene Nutzfische ersetzen. All das ist aber sehr teuer und von zweifelhaftem Wert, da Buchten nicht der ideale Lebensraum für diese Fische sind und sie alles tun werden, abzuwandern. Wirtschaftlich gesehen sind die Ausblicke nicht zu hoffnungsvoll, da mit den Kosten des Düngers, der Arbeit, der Aufzucht und Verpflanzung der Fisch meist teurer wäre als sein Marktwert.

Betrachten wir statt dessen eine offene Bucht, so fallen einige der Schwierigkeiten weg; die Algen sind nicht so übermächtig und die Bucht stellt eine natürliche Umgebung der Nutzfische mit eigener Nachwuchsbildung dar. Wählen wir eine Bucht mit nicht zu starkem Tidenhub, so können wir annehmen, daß ein großer Teil des Düngers nicht fortgespült wird und wir eine gute Planktonvermehrung erzielen. Zwar wird das Plankton allmählich in die offene See hinausgewaschen, aber es wird doch das Wachstum der Bodenfauna und damit das der Fische anregen. Das Ausmaß dieser Ertragssteigerung ist bisher unbekannt und sehr schwer festzustellen. Seichte Buchten sind oft ausgezeichnete Aufzuchtgebiete für Plattfische, bevor diese jedoch eine marktfähige Größe erreicht haben, wandern sie in tieferes Wasser ab. Da nur ein sehr kleiner Anteil des Düngemittels tatsächlich Fischfleisch wird, ist es sehr fraglich, ob sich der Aufwand des Düngens überhaupt lohnt! Unser Unternehmen wäre der Düngung von Ackerland vergleichbar, die darauf abzielt, die Füchse besser wachsen zu lassen, die sich von den durch üppiges Pflanzenwachstum geförderten Kaninchen ernähren.

Wenden wir uns nun der offenen See zu, so fallen alle bisherigen Schwierigkeiten weg. Der bedeutendste neue Faktor, der uns bei unseren Berechnungen hindert, ist die ungeheure Wassermenge des Meeres, selbst in örtlich begrenzten Arealen. Ein Quadratkilometer Ackerland ist ein sehr großer Bauernhof (400 Morgen). Ein Quadratkilometer Meer ist ein sehr kleines Gebiet. Wir wollen jedoch diese kleine Einheit zur Grundlage unserer Berechnungen machen. Denken wir zunächst an den Phosphatgehalt, so hören wir von den Meereschemikern, daß der Sommerspiegel im Meer — bezogen auf die obersten 50 Meter, in denen Pflanzenwachstum möglich ist —, 1,64 g Natrium-Phosphat pro Quadratmeter Wasseroberfläche oder 1,64 t pro Quadratkilometer beträgt. Der sommerliche Phosphatspiegel im Meer ist durch das Pflanzenwachstum im Frühjahr am niedrigsten und wir sollten den Betrag durch Düngung mindestens verdoppeln, um einen fühlbaren Anstieg im Phosphatangebot zu erzielen. Im Anschluß an das Sommerwachstum und nach dem Zerfall vieler Pflanzen und Tiere, findet eine Regeneration der Nährstoffe aus den Abbauprodukten statt. Dies führt zusammen mit der winterlichen Durchmischung zu einem etwa 4mal höheren Phosphatspiegel im Winter. Wir wollen aber nicht nur den Sommerspiegel erhöhen, sondern das Phosphatangebot dauernd auf einem höheren Niveau halten; eine einzige Düngung wäre dafür bei weitem nicht genug. Wir müßten während des Pflanzenwachstums im Frühjahr alle zwei Wochen Düngemittel geben und während der folgenden 4 Monate einmal pro Monat, etwa 10 Düngungen im Jahr.

Nimmt man Superphosphat, das nur etwa $1/4$ soviel Phosphat enthält wie Natriumphosphat, muß man 5 t pro Quadratkilometer geben. Außerdem müßte man noch andere Dünger, besonders Nitrate bieten und die Gesamtmenge würde etwa das 4fache des Superphosphates ausmachen. Es ist sinnlos, nur eine Düngersorte zu geben, da das Planktonwachstum dann z. B. durch Nitratmangel begrenzt wäre, ohne das Phosphat voll auszunützen. Nehmen wir einmal an, die Tonne Superphosphat kostet 70,— DM und die Tonne Natriumnitrat 280,— DM, so kostet die einmalige Düngung von einem Quadratkilometer 5000 DM oder 50000 DM pro Jahr ohne Transportkosten und Arbeitslohn. Die Nordsee umfaßt ein Gebiet von etwa 500000 Quadratkilometern! Der Jahresertrag des Fischfanges beträgt in der Nordsee etwa 550 Mill. DM oder im Durchschnitt 110 DM pro Quadratkilometer, obschon einige Teile einen sehr viel geringeren Ertrag und andere einen sehr viel höheren, bis zu 2500 DM pro Quadratkilometer, haben. Lohnt es sich aber, 50000 DM auszugeben, um die Pflanzenproduktion, selbst in den besten Gebieten zu verdoppeln, wenn ein doppelter Ertrag nur etwa 2500 DM mehr einbrächte?

Hinzu kommt, daß das Verdoppeln der Pflanzenproduktion keineswegs den doppelten Fischertrag garantiert; es gibt soviele Stufen in der Nahrungskette des Meeres, Verluste und Fehlentwicklungen. Ein Beispiel haben wir auf S. 112f. gegeben hinsichtlich der „roten Tide". Ein Überangebot an Dünger kann das plötzliche Anwachsen eines giftigen Dinoflagellaten anstelle des normalen Planktons hervorrufen. Ist der Dünger aufgebraucht, so sterben die Organismen der „roten Tide" zu Abermillionen ab und die Verhältnisse normalisieren sich langsam wieder. Wenn wir Düngemittel übrig haben, sollten wir sie lieber auf dem Lande verwenden und den Ernteertrag verbessern mit der berechtigten Hoffnung auf Wirtschaftlichkeit und auf zusätzliche Nahrung für die Welt! Reiche Düngemittel liegen ungenutzt in den Tiefen des Ozeans und wenn wir könnten, wäre es besser, sie aus dem Meer zu gewinnen, anstatt andere ins Meer zu schütten.

Eine aussichtsreichere Methode, das Meer zu düngen, besteht darin, das nahrungsreichere Tiefenwasser in die durchlichtete Oberflächenzone zu bringen. Das ist nicht so sehr ein biologisches als ein technisches Problem und geht über den Rahmen dieses Buches hinaus. Der Ökologe muß aber hervorheben, daß man mit dem künstlichen Vertikaltransport von einem Eimer voll oder selbst von Millionen Litern noch nicht viel erreicht in der Weite des Meeres.

Dieses entmutigende Kapitel soll nicht besagen, daß alle Anstrengungen, die marine Fischerei durch künstliche Mittel zu verbessern, zum Scheitern verurteilt sind. In Kapitel 10 wurde gezeigt, daß die höchste Sterblichkeit der Fische auf den planktonischen Jugendstadien liegt. Wenn wir nun Fischbrut über das planktonische Stadium hinaus aufziehen, indem wir ihr Nahrung und Schutz vor Feinden bieten, könnten wir die Fischbestände vergrößern, vorausgesetzt, in den Gebieten, wo sie ausgesetzt werden, ist ausreichend natürliche Nahrung vorhanden. Eine andere Methode mit demselben Ergebnis besteht darin, eine große Anzahl Jungfische in ihren Aufwuchsgebieten zu fangen und in Gebieten auszusetzen, wo sie mehr Nahrung vorfinden als dort, wohin sie normalerweise wandern würden. Solche Experimente hat man über mehrere Jahre in der Nordsee durchgeführt; junge Schollen wurden zur Doggerbank verfrachtet, wo sie bessere Nahrungsbedingungen vorfanden als in den sandigen, seichten Küstengebieten. Man sollte auch die wirtschaftlich wenig wertvollen Fischarten bekämpfen und damit den Nahrungsvorrat vergrößern. Auf diese Weise könnte man mehr Nahrung aus dem Meer für den Menschen gewinnen; die Wirtschaftlichkeit hängt von dem Verhältnis zwischen dem vermehrten Fischertrag und den Unkosten für Aufzucht, Verpflanzung und „Ausjäten des Fischunkrautes“ ab.

Das Anwachsen der Weltbevölkerung ist erschreckend und die wachsende Bevölkerung braucht mehr Nahrung. Das Meer ist eine wichtige Nahrungsquelle und es wird uns immer bessere Erträge liefern, je besser wir über das Meer Bescheid wissen, je besser wir es zu erforschen lernen. Das bedeutet eine internationale Zusammenarbeit von Biologen, Chemikern, Physikern, Technikern, Statistikern, Politikern, Fischerleuten und all den zugeordneten Berufen in Handel und Verkehr.

Das vorliegende Buch berichtet vom Plankton und es ist kein Buch über die Versorgung der Weltbevölkerung. Das Plankton bildet aber eine natürliche Gemeinschaft von Lebewesen und sein Studium zeigt eine Reihe von Parallelen mit der menschlichen Bevölkerung als Lebensgemeinschaft. In den vorausgegangenen Kapiteln ist immer wieder auf die Abhängigkeit der Lebewesen voneinander und von der komplexen Umwelt hingewiesen worden. Bei guten Lebensbedingungen und passender und reichlicher Nahrung wird die Zahl der Organismen ständig steigen, aber ebenso die Zahl der Feinde, die wieder diese Organismen fressen. Bei Nahrungsmangel sinkt die Anzahl der Tiere, gleichzeitig können sich die Nährstoffe regenerieren und der Zyklus beginnt von neuem. Beim Menschen liegen die Verhältnisse anders, da wir es gelernt haben, unsere Umgebung zu beeinflussen; wir wärmen unsere Häuser bei kaltem Wetter, nach der Ernte speichern wir unsere Nahrungsmittel, um sie das ganze Jahr hindurch zu verwenden und wir haben Transportmöglichkeiten erfunden, um die Nahrungsmittel zu verteilen. So ist es absolut natürlich, daß unsere Bevölkerungszahlen steigen! Darüber hinaus haben wir unseren größten natürlichen Feind — die Krankheit — eingeschränkt und wir versuchen mit allen Mitteln, einen Krieg zu verhindern. Dies alles führt unvermeidbar zu einem ständigen Anwachsen der Bevölkerung und zu einer ständigen Nachfrage nach mehr und mehr Nahrung, nach mehr Organisation, die Nahrungsmittel zu verteilen. Der Mensch ist ein lebendes Tier und die Bevölkerung eine Lebensgemeinschaft, aber der Mensch hat die Fähigkeit, Kontrolle über sich selbst auszuüben. Ohne Kontrolle bedeutet ein reicheres Nahrungsangebot ein Anwachsen der Menschheit, die immer mehr Nahrungsmittel fordert. Immer werden einige nahe bei den Nahrungsquellen sein und andere ferner stehen und verhungern. Nur mit einer Beschränkung der Bevölkerungszahl gäbe es genügend Nahrung für alle. Ohne Kontrolle bedeutet jeder weitere Aufwand bei der Erschließung neuer Nahrungsquellen, daß statt einiger Millionen dann viele Millionen verhungern — gerade wie bei den Dinoflagellaten der „roten Tide".

Bis wir diese Kontrolle gelernt haben, werden wir weiterhin im Meer nach mehr Nahrung suchen und unsere Meeresnahrung wird immer mit dem Plankton in Verbindung stehen.

Namen- und Sachverzeichnis

(Die kursiven Zahlen verweisen auf die Nummer der Abbildung)